KB045207

Tea Time

라뒤레 티타임

Tea Time
라뒤레 티타임

글 마리 시몽
사진 마리 피에르 모렐
푸드 스타일링 크리스텔 아조르주
일러스트레이션 엘렌 르 뒤프
번역 정혜승

시공사

차의 맛

•••

오늘날 차는 세계적 유행의 물결을 타고 있습니다. 하지만 오랜 세월 차를 전문적으로 다뤄온 라뒤레에게 유행이란 말은 그대로 유행일 뿐이지요. 차는 인기와 유행을 넘어서는 전통이니까요. 차는 여리고 섬세하며 시간의 한계를 뛰어넘어 그 어떤 '순간'을 선사합니다. 감정과 재능, 끈기의 산물이자 우정의 활력소이며 열정과 창의력을 북돋우는 근원이 되어줍니다. 그리고 무엇보다 가장 큰 매력은 '세상의 맛'을 지녔다는 것이지요.

라뒤레는 티 살롱과 티 컬렉션을 통해 프랑스식 차 마시는 법을 소개해왔습니다. 이번 책을 통해 라뒤레 티 살롱을 사랑하고 아껴주신 분들과 함께 나누고자 한 것 역시 이 부분입니다. 이 책은 차에 대한 예찬이자 미식에 대한 예찬입니다. 등장하는 차마다 때로는 달콤한 디저트와 때로는 짭짜름한 음식과 최상의 어울림을 그려냅니다. 라뒤레가 긴 세월 동안 개발하고 선보여 온 매력적인 차와 음식의 페어링을 정성껏 담았으니, 한 장 한 장 넘기며 라뒤레의 차의 세계를 함께 즐겨주시기 바랍니다.

라뒤레의 차는 역사와 전통을 대변합니다. 또한 라뒤레만의 창의적인 블렌딩을 거쳐 섬세한 아로마와 감각적인 맛을 전하는 더욱 개성 있는 차로 탄생합니다. 먼 이국으로 떠나는 여행이 되어주고 역사 속 인물이나 소설 속 카리스마 주인공을 되살리기도 하며 잊지 못할 소중한 추억을 되짚어보는 그런 매력이 라뒤레의 차에는 담겨 있습니다.
투박한 머그잔에 차를 마시든 어여쁜 자기 잔에 마시든, 차에 우유를 타든 말든, 차를 식혀 마시든 펄펄 끓여 마시든, 차를 진하게 우리든 연하게 우리든 상관없습니다. 차를 마신다는 일은 그 자체만으로 하나의 의식입니다. 함께 나누는 뿌듯한 순간으로 존재하니까요.
정성과 주의를 요하는 신비하고도 섬세한 음료, 차. 차의 수많은 장점 중 하나를 꼽자면 단연코 치유의 효능일 것입니다. 한 잔의 차를 마시는 동안, 차는 일상에서 벗어나 훌쩍 떠나게 해줍니다. 나만의 파라다이스를 떠올리게 하는, 상상으로 이끄는 마법의 음료라고 할까요?
차를 마시는 일. 일상에 새로운 가치를 부여하고, 다양한 맛으로 일상을 새롭게 재충전해주는 멋진 방법이라고 얘기해도 좋겠습니다.

Contents

한 잔의 차에 담긴 서사시

차의 맛에는 거부할 수 없는 섬세하고 미묘한 매력이 녹아 있다. … (중략) …
차에서는 와인의 교만함이나 커피의 의식적인 개인주의,
초콜릿의 애교 띤 순진무구함 따위는 발견할 수 없다.

–오카쿠라 가쿠조(1863~1913), 저서 《차 이야기》 중에서

매혹의 나무

기원전 2737년, 중국 고대 신화에 등장하는 황제인 신농은 어느 날 물을 끓이던 중 때마침 바람이 불어와 근처에 있던 차나무에서 잎사귀 하나가 주전자로 떨어져 우러난 것을 맛보게 된다. 식물의 약효를 알아보고자 온갖 풀을 맛보고 백성들에게 물을 끓여 마시라는 포고령까지 내렸던 신농이었기에, 그는 이를 계기로 맛과 향기가 좋은데다 원기까지 회복되는 차라는 음료가 위생을 위한 좋은 처방이 될 수 있음을 깨달았다. 그 후로 중국인들은 신농을 차의 아버지, 농업과 의학의 아버지로 숭상하기에 이른다.

차 문화는 중국 내에서 꾸준히 번성하여 차의 고전기라 불리는 당나라 때 들어서는 최초의 찻집이 등장한다(790년 이전). 차는 티베트까지 뻗어가는 인기 있는 무역품으로 자리 잡으며 몽골과 터키, 타타르 사람들(러시아의 대표적인 튀르크계 민족)까지 매혹시키기에 이른다. 당시에 소비되던 차의 형태는 잎을 모아 꾹꾹 눌러 만든 납작한 떡 모양이었으며 그것을 부숴 끓여 마셨다.

당나라 시대 승려이자 차의 대가였던 육우(733~804)는 차에 대한 전문 지식을 집대성

하여 《다경茶经》이라는 책을 펴냈는데, 차의 종류와 만드는 방법, 차를 마시는 방법에 관해 설명하고 있다. 육우는 차를 통한 정신적 추구, 즉 세계와의 조화와 깨달음을 무엇보다 중시했다. 중국의 이러한 차 문화를 따른 일본에서는 승려들이 직접 차를 재배하면서 차의 생산이 획기적으로 늘어나고, 차의 종류와 제다 기술 또한 놀라운 발전을 거듭하게 된다.

차의 새로운 음용 방식

중국 송나라(960~1279) 때 새로운 차 음용법이 도입된다. 차의 형태는 떡 모양에서 가루로 변모했으며, 진한 푸른빛이나 갈색이 도는 두툼한 도자기 사발에 그 가루 차를 담고 더운물을 부은 뒤 비취색의 거품이 일 때까지 대나무 막대기로 휘저어 마셨다. 이 가루 차를 마시는 방식은 일본으로 전파된다.

그 후 명나라(1368~1644) 때에는 '차의 세 번째 방식'이라는 이름 하에 음용법에 큰 변화를 맞는다. 찻주전자에 찻잎을 담아 우려낸 뒤 작은 고급 자기 잔에 따라 마시게 된 것이다. 덕분에 찻잎이 물에 우러난 고운 빛깔을 눈으로도 즐길 수 있게 된다.

일본에서는 선종 승려들이 차를 준비하고 마시는 차 의식을 정리하기 시작하여, 15세기에는 가루 형태의 말차에 더운물을 붓고 작은 대나무로 된 차선으로 저어 마시는 일련의 다례를 확립한다. 벽감 외에는 아무것도 없는 검소하고 절제된 다실은 승려들에게 보호구역이면서 차를 통해 마음의 평화를 찾도록 이끌어주었다. 그렇게 동양에서 차는, 삶을 다스리는 생활의 종교로 자리 잡아 갔다.

황금빛 음료

차가 서양에 전해진 것은 이로부터 한참 뒤인 17세기 초반이다. 차의 치료 효과와 그에 따른 명성이 상류층의 마음을 사로잡는다. "병약한 환자에게 차 40잔을 마시게 했더니 원기를 회복했다"라는 세비녜 후작의 기록이 그 시대의 차에 대한 설명이 되어준다. 그로부터 2세기가 지난 뒤 프랑스 소설가 발자크는 소설 《잃어버린 환상》에서 이렇게 서술한다. "시골에 가면 아직도 약국에서 차를 소화

제로 팔고 있다"라고. 하지만 18세기 들어 차의 약효는 더 이상 매력적 요소가 되지 못했다. 18세기 귀족들은 약효보다는 차라는 이국적인 사치품이 전하는 분위기 그 자체에 매료되었으며, 이는 솜씨 좋은 유럽의 장인들로 하여금 세련된 자기와 고급스러운 은제품 생산에 박차를 가하게 만들었다.

찻잎이 일으킨 소동

유럽에 차를 들여온 것은 포르투갈이었다. 1498년에 바스코 다가마가 인도 항로를 개척한 뒤로, 포르투갈 항해사들은 아시아를 향해 바다로 나섰으며, 차를 싣고 포르투갈로 돌아왔다.

1662년, 포르투갈의 공주 캐서린 드 브라간사가 영국의 찰스 2세와 혼인하면서 영국 왕실에 홍차를 소개했다(녹차와 말차는 한참 후에 서구 유럽에 알려진다). 그때 영국에서 차를 즐기는 인구는 한층 더 늘어나게 된다. 포르투갈은 차를 유럽에 가장 먼저 알렸지만 홍차에 대한 독점권을 그리 오래 지키지 못했다. 차에 대한 무역권을 차지하려는 전쟁이 계속되면서, 포르투갈은 얼마 지나지 않아 네덜란드에 그 권리를 넘겨주었으며, 네덜란드는 영국과의 싸움에서도 승리를 거머쥐게 된다. 그러는 사이 1638년, 일본이 자국 문을 닫아걸면서 중국만이 귀한 차의 유일한 공급국으로 남는 상황이 벌어진다.

차와 사랑에 빠진 영국

네덜란드 상인이 선적한 첫 화물, 즉 중국의 자기와 차가 암스테르담에 도착한다. 그다음 파리, 마지막으로 런던에도 하역된다. 동양의 차는 유럽을 단박에 매료시키고 만다. 특히 영국인들의 차에 대한 열광은 대단했고, 차는 곧 영국인들의 필수불가결한 사치품으로 자리 잡는다. 이에 영국은 차에 대한 공급권을 장악하여 국가의 수입을 올리기에 혈안이 되어 무자비한 침략까지 일삼았다. 차 무역 패권을 차지하고자 프랑스와 네덜란드 동인도회사를 축출했으며, 식민지인 아메리카 대륙에 차를 공급하며 천문학적인 세금을 매긴 것이다. 영국의 이러한 폭정은 보스턴 차 사건으로 이어져 미국 독립선언의 도화선이

되었으며, 영국은 무역 적자를 메우고자 중국에게 아편을 공급해 두 번의 아편전쟁(1839~1842, 1856~1860)을 치렀다. 영국은 '마실 수 있는 동양의 향수'를 위해 도를 넘은 선택도 서슴지 않았던 것이다.

차 스파이

이처럼 대담하고 집요했던 영국의 차에 대한 열병은 차 산업에 걸출한 사업가들을 배출해 냈다. 1675년 토머스 개러웨이는 런던에 최초의 차 판매점을 열어 가게에서 일반인들이 차를 마시게 했다. 1706년 토머스 트위닝은 톰스 커피 하우스Tom's Coffee House를 열고 차Tcha라고 부르는 음료를 판매했으며, 다음 해 1707년에는 여성 혼자 또는 여자끼리도 입장(당시 커피 하우스는 남자들의 전유물이었다)할 수 있는 티 살롱을 열었다.

1750년 들어서는 차를 마시지 않는 영국 사람이 없을 정도였으며, 차는 영국의 노동 계급에서도 가장 선호하는 음료로 자리 잡게 된다. 이에 영국 정부는 차를 직접 재배하여 더 큰 이익을 내겠다는 욕심을 부린다. 1848년 영국은 식물학자 로버트 포천Robert Fortune을 영국 동인도회사를 통해 중국으로 잠입시킨다. 당시 중국에서는 외국인에게 차 재배에 대한 정보를 알려주는 것이 엄격히 금지되어 있었으나, 산업 스파이 포천은 차 씨앗과 차나무, 차나무 재배 기술을 몰래 빼낸다. 이는 중국에 의존할 수밖에 없던 영국의 차 소비에 종지부를 찍고, 인도에서 영국이 직접 차 재배를 시작하는 계기가 된다.

중국이 두 번의 아편전쟁을 치르는 동안, 포천은 현지인으로 변장하여 인도의 남부에서 북부까지 차 재배 농장으로 잠입해 들어갔고, 그렇게 정체를 숨긴 채 농장의 차나무를 빼돌린다. 1854년에 영국에서 발간된 로버트 포천의 저서 《꽃과 차를 찾아 떠난 로버트 포천의 중국 모험》을 보면, 다음과 같은 구절이 등장한다. "2만 그루의 차나무와 중국인 차 재배 인력을 히말라야의 심장부 다르질링 농장으로 보냈고, 그곳에서 차 재배에 성공했다." 이것이 다르질링 티의 시작이자 영국 차 재배의 시작이었다. 다르질링에서 차 재배를 성공시킨 뒤, 영국은 또 다른 식민지인

실론 섬(스리랑카)에서도 차 재배를 시작해 대량생산을 실현시킨다.
홍차 역사를 말할 때 입지적 인물이자 장사의 천재로 통하는 토머스 립톤Thomas Lipton은 19세기 말, 커피나무가 괴사해 버린 실론 섬의 커피 농장 한 곳을 사들인다. 그는 병든 커피나무를 다 뽑아내고 차나무를 심은 뒤, 미국에서 익힌 비지니스 전략 '홍보 문구를 이용하라'를 자신의 다원에 펼쳐 나간다. 립톤Lipton 상표를 달고 하나하나 밀봉된 그의 차는 '다원에서 바로 찻주전자로From the tea garden to the teapot!'라는 홍보 문구 아래 대량으로 팔려 나갔으며, 덕분에 그는 어마어마한 재산을 일구게 된다.

티 살롱의 전성기

산업혁명과 함께 차 문화는 더욱 널리 퍼져 19세기 서양의 대부분 나라에서는 차를 문화 · 사회적 취미이자 일상의 즐거움으로 여기며 마시기 시작했다. '애프터눈 티afternoon tea'는 일상이 되었으며 좀 더 형식을 갖춘 차 모임인 리셉션은 프랑스, 독일, 러시아를 비롯한 유럽 귀족사회 내의 새로운 문화 코드로 자리 잡는다.
19세기 후반에는 유럽 대도시에 티 살롱들이 문을 연다. 그중 한 곳이 파리 루아얄 가의 라뒤레 티 살롱이다. 에르네스트 라뒤레Ernest Ladurée가 1862년 빵집으로 문을 연 곳으로 후에 인기 있는 티 살롱으로 자리매김한다.
당시의 대도시 티 살롱은 화려한 장식과 맞춤 가구로 고급스럽게 꾸며 놓고 도시의 여가를 즐기는 핫 스폿이었다. 티 살롱은 볼로뉴 숲이나 오페라 극장과 동급의 사교의 장이었으며 자신의 부나 우아함을 드러낼 수 있는 무대이기도 했다.
일본 다례에서 의미를 두는 검소하고 텅 빈 다실과는 매우 다르게 서양에서 차는 화려하고 풍성한 장식과 함께였다. 같은 한 잔의 차에 인간의 열정이 이리도 다르게 적용될 수 있다는 사실이 참으로 놀랍고도 묘하다.

LADURÉE

UN THÉ impérial

•••

임피리얼 티

임피리얼 티

아시아 사람들이 차를 마시는 방식은 여느 곳과 사뭇 다르다.
찻잎을 몇 차례 거듭 우리는 것을 당연시 여기고,
차를 우리는 도구에도 차이가 있으며, 차를 내리는 움직임 또한 다르다.
차를 마시는 일에서 정신적인 가치를 찾는 의미 또한 특별하다.

끝도 없이 마시는 차

중국 사람들은 언제 어디서나 차를 마신다. 정부 회의 같은 공식 자리에서도 참석자들에게 유리잔 대신 찻잔이 주어진다는 것이 흥미롭다. 중국에서는 차를 마실 때 '종'이라 부르는 작은 사발을 사용하는데, 여기에 녹차를 넣고 따뜻한 물을 그 위로 부어 마신다. 종에는 특별한 덮개가 달려 있어, 차를 마실 때 찻잎이 딸려 나오는 걸 막아준다. 종일 수차례 차를 마시니, 찻잎을 여러 번 우려내게 된다.

일본 역시 찻잎을 여러 차례 우린다. 일본의 일상 녹차인 센차煎茶는 3회에 걸쳐 우려 마시는데, 차 우리는 시간을 점점 줄여 나가면서 우리면, 부드러운 맛에서 쓴맛을 거쳐 떫은맛까지 3가지 맛을 즐길 수 있다. 길에서 녹차 자판기를 흔히 마주칠 정도로, 일본 사람들 역시 녹차를 온종일 때를 가리지 않고 마신다.

자연과의 조화

아시아의 다례가 섬세하고 매력적으로 느껴지는 이유는 차 문화가 도교와 불교를 바탕으로 오랜 전통 안에 살아 숨 쉬고 있기 때문이다. 중국이나 일본에서는 차를 사찰에서 재배했으며 차를 마시는 의식, 즉 다례 또한 승려들을 통해 확립되고 전수되었다. 차라는 음료는 승려들에게 조화에 이르기 위한 하나의 도구였다.

중국 당나라(733~804) 때의 현자 육우는 차 재배와 차에 대한 철학을 소개한 경전《다경》을 편찬했는데, 세계에서 가장 오래된 차 바이블로 꼽힌다.《다경》에 담긴 육우의 시에서는 차와 세상과의 관계를 엿볼 수 있다. 차는 주위를 둘러싼 세상, 자연과의 관계가 중요한 음료다. "차를 우리기 가장 좋은 물은 그 차가 자란 차밭 사이를 흐르는 물"이라는 말이 있을 정도다. 차를 마시는 일에는 마음의 고요가 필요하다. 그래야 땅이 선사하고 하늘이 안겨준 차의 섬세한 향과 맛에 오롯이 몸을 맡길 수 있기 때문이다.

차를 내리는 기술

차는 여느 음료와는 다르다. 차는 어디서 마시든 차를 따르고 마시는 행위 자체가 나눔의 귀한 순간이자 존중을 표하는 의식이다.

17세기 중국에서는 찻집이 성행했는데, 마르코 폴로는 사람들의 구경거리가 되는 매춘부들이 찻집에 자주 드나든다는 것을 이유 삼아 자주 갈 만한 곳이 못 된다고도 했다. 이런 비난은 몇 세기 뒤 문화혁명 시기에 들어 재개되는데, 찻집은 경박하고 비생산적인 여가 공간으로 평가받으면서, 천년에 이르는 역사에도 문을 닫기에 이른다.

오늘날 중국에 다시금 등장한 찻집은 성격이 조금 다르다. 사람들은 그곳에서 공푸차工夫茶의 전통을 익히고 마신다. 다례를 중시하는 일본과는 달리, 공푸차는 차를 우리는 과학적인 기술에 치중한다. 차 맛이 한꺼번에 우르르 빠져나오지 않도록, 차의 섬세한 아로마를 정성스러운 과정을 거쳐 이끌어낸 뒤, 그 최고의 맛을 와인처럼 음미하고 감상한다. 공푸차는 1~2분 정도 짧게 우려내는 여러 단계를 거친다. 물은 찻주전자에 가득 따르는데, 이는 찻잎에서 나오는 거품 같은 이물질을 뚜껑으로 걷어낼 수 있게 하기 위해서다. 공푸차를 마실 때 또 다른 특징은 찻물을 막 비워낸 찻잔의 향기를 음미하는 과정이다. 우린 찻물을 문향배(차 향을 즐기기 위해 고안된 향 전용 찻잔)에 먼저 따르고, 다시 찻물을 마실 잔으로 옮겨 따른 뒤, 텅 빈 잔에서 풍기는 다양한 향을 감상한다. 찻물로 뜨겁게 데워진 빈 잔은 차의 섬세한 향을 더욱 잘 발현해내기 때문에, 차를 담아 향을 맡는 것보다 훨씬 진한 향을 즐길 수 있다. 매번 10초씩 길어지는 단계마다 다른 향이 나는데, 최상 품질의 찻잎이라면 15회까지도 우려낼 수 있다.

LADURÉE
Thé Lapsang Souchong
LADURÉE
LADURÉE
Thé Yunnan
LADURÉE

일본의 다도

일본에서 차는 생활의 예술이다. 선종 불교를 바탕으로 이어져 온 정제되고 검소한 일본 차 의식은 건축, 조경, 향, 꽃꽂이, 도자기, 서예 등 일본 문화 다방면으로 영향을 미쳤다.

16세기 일본 다도를 완성한 센리큐는 '차노유茶の湯'라는 차 의식을 개발하여 일본 고유의 다도를 정립해 나간다. 차노유에서는 화경청적和敬淸寂이라는 4가지 정신을 중시한다. 화는 조화를, 경은 존중을, 청은 깨끗함을, 적은 번뇌에서 벗어난 고요한 마음을 뜻한다. 차를 내리고 마시는 행위를 넘어 차를 정신적 차원으로 승화시켜 하나의 의식으로 발전시킨 것이다. 센리큐는 차를 마시는 도자기 사발인 다완 그리고 다도가 펼쳐지는 다실을 강조한 최초의 인물이기도 했다. 차에 대한 센리큐의 철학과 미학은 일본의 3대 다도 종파로 퍼져 오늘날까지 이어지고 있다. 얼핏 간결하고 소박해 보이지만, 일본의 다도는 엄격하고 정확한 체계와 틀 안에서 펼쳐지는 세계이다.

말차는 대나무로 된 차선으로 가루 녹차를 빠르게 저어 짙은 옥빛의 거품을 일으켜 마시는 차로, 세계에서 유일한 가루 형태의 차다. 말차의 신선하고 순수하고 매혹적인 초록빛은 차나무 밭을 떠올리게 한다.

일본에는 "이치고 이치에"라는 말이 있다. 일기일회一期一会, 즉 일생 단 한 번의 만남이라는 뜻으로, 차를 대접하고 마실 때 지금 단 한 번뿐이라는 마음가짐으로 최선을 다한다는 뜻에서 유래된 말이다. 이 우주에서 이 한 순간의 만남은 지금뿐이니, 온 마음을 다해 차를 마시며 단 한 번의 기회를 맛보라는 일본 다도에 깔린 바탕이 되겠다.

Thon rouge sauce satay, germes de poireaux

사테 소스와 파 싹을 곁들인 참치

6인분
준비 시간: 30분
마리네이드 시간: 총 8~10시간

붉은 참치 400g
파 싹 80g
구운 땅콩 50g
천일염 약간

마리네이드 소스
올리브 오일 300ml
레드 사테 페이스트 5g(인도네시아나 말레이시아의 꼬치 요리 소스로, 땅콩 버터와 코코넛 크림이 들어간 매콤한 양념)

사테 소스
올리브 오일 200ml
옐로 커리 페이스트 10g
당이 첨가되지 않은 코코넛 밀크 500ml
화이트 와인 식초 50ml
황설탕 5g
가는 소금 2꼬집

1. 먼저 마리네이드 소스를 만든다. 올리브 오일과 사테 페이스트를 힘차게 섞어 덩어리진 곳 없이 잘 푼다. 가능하면 6~8시간 두었다가 고운 체에 걸러 붉은빛 도는 매끈한 오일 질감의 소스를 만든다. 접시에 마리네이드 소스를 따른다.

2. 기름기 많고 부드러운 참치 부위를 골라 조각당 60g 정도가 나오게 네모나게 썬다. 1번 과정의 마리네이드 소스에 참치를 절여 랩으로 덮은 뒤 냉장고에 2시간 둔다.

3. 사테 소스를 만든다. 먼저 올리브 오일을 두른 팬에 옐로 커리 페이스트를 넣고 잘 섞는다. 황설탕을 넣고 녹이다가 와인 식초를 부은 뒤 팬에 눌어붙은 것을 녹여가며(데글레이즈) 고루 섞는다. 한 번 끓어오르면 코코넛 밀크를 붓고 넘쳐 오르지 않게 뭉근히 끓인다. 표면에 기름이 드문드문 떠오르면 불에서 내려 잘 섞은 뒤 소금으로 간한다.

•••

●●●

이 요리에는 라뒤레의 랍상 소총Lapsang Souchong 티가 잘 어울린다.

4. 2번 과정의 마리네이드한 참치를 꺼내 표면에 묻은 여분의 소스를 털어낸다. 팬에 참치 조각을 넣고 앞뒤 양면을 강한 불에 2분씩 굽는다. 표면만 익히고 가운데 부분까지는 익히지 않도록 주의한다.

5. 사테 소스를 데워 접시 중앙에 두른다. 구운 참치는 잘 드는 칼로 비스듬히 잘라 소스 위로 가지런히 펼친다. 파 싹과 구운 땅콩을 올리고 소금을 뿌려 완성한다.

셰프의 팁

참치 등 해산물을 구입할 때는 생산지부터 이력을 관리하는 원산지 표시제를 통해 어디에서 잡히고 손질된 것인지를 확인하고 사는 습관을 들이자.

차 연금술

차의 색깔을 좌우할 뿐 아니라 차의 향미를 이끄는 요소가 있다. 바로 산화작용. 차를 만드는 과정에서도 빠질 수 없는 중요한 요소다.

모든 것을 바꾸는 효소

식물이 공기 속 산소를 만나 색이 변하고 시드는 자연적 노화 현상을 산화라고 하며, 이러한 산화작용에 관여하는 효소가 산화 효소다. 자연적으로든 인공적으로든 잎이 시들 때 잎의 세포가 파괴되면서 산화 효소가 빠져나오고, 그 산화 효소가 폴리페놀(또는 타닌) 속 카테킨을 2개의 분자로 변화시키는데, 이 분자가 색의 변화를 일으킨다. 발효시킨 차의 색깔이 짙은 밤색을 띠는 것도 이 때문이다.

통제 하의 산화

홍차는 5단계의 과정을 거쳐 완성된다. 위조withering–유념rolling–산화oxidation–건조drying–선별sorting이 그것이다. 채취한 잎의 수분을 줄여 시들게 하여 숨을 죽이는 과정이 위조이며, 찻잎의 세포 조직을 부수기 위해 찻잎을 비비고 문지르고 으깨는 과정이 유념, 수분이 90~95% 되는 환경에서 산화작용을 일으키는 것이 산화, 이 산화 과정을 멈추기 위해 뜨거운 열에 말리는 것이 건조, 마지막으로 찻잎의 크기와 모양별로 나누는 과정이 선별이다.

녹차를 만들 때는 홍차와 전혀 다른 과정을 거친다. 발효가 일어나지 않도록 하기 위해 찻잎을 아주 강한 불에 재빨리 덖어 건조함으로써 산화 효소를 죽이는 것이다. 덖어낸 찻잎은 굴리고 문질러 세포 조직을 부순 뒤, 한 번 더 건조 과정을 거쳐 등급에 맞게 선별한다.

우롱차는 반발효차다. 반발효차는 녹차와 마찬가지로, 강한 열기를 가해 산화 효소의 작용을 중단시키는 과정을 거친다.

Carpaccio de saint-jacques

가리비 관자 카르파치오

6인분
준비 시간: 40분
냉장 시간: 몇 시간

가리비 18개
감귤 큰 것 1개
라임 1개
녹색 사과 1개
식빵 3쪽
올리브 오일 100ml
피멍 데스플레트piment d'espelette 1꼬집(프랑스 바스크 지방에서 나는 고춧가루로 달큼하면서도 매운맛이 나는 게 특징임)
천일염 3꼬집

래디시 피클
래디시 1다발(12개 정도)
식초 500ml
레드 와인 식초 500ml
그래뉴당(입자가 미세한 고순도 설탕) 50g
물 100ml

1. 먼저 래디시 피클을 만든다. 래디시는 씻은 후 8~12조각으로 썰어 볼에 담는다. 냄비에 식초, 레드 와인 식초를 붓고 물과 그래뉴당을 더한다. 불에 올려 끓인 다음 곧바로 래디시 위로 붓는다. 식힌 뒤에 용기에 담아 냉장고에 몇 시간 둔다.

2. 숟가락으로 가리비 껍데기를 까서 관자를 빼내는데, 관자를 감싼 수염 부분은 그대로 둔다. 관자를 차가운 수돗물에 씻어 키친 타월 위에 올린 뒤 냉장고에 20분 정도 두어 물기를 빼 살이 단단해지도록 둔다. 잘 드는 칼로 관자를 가능한 한 얇게 저민다. 접시 위에 둥글게 겹쳐 보기 좋게 펼친다.

3. 식빵은 작은 큐브 모양으로 썬 뒤 올리브 오일을 살짝 두른 팬에 노릇하게 굽는다(크루통). 감귤은 껍데기를 벗겨 작은 조각으로 써는데, 썰면서 흐르는 귤즙은 모아 둔다. 사과는 껍질을 벗기지 말고 작은 큐브 모양으로 썬다.

•••

이 요리에는 라뒤레의 센차야마토 Senchayamato 티가 잘 어울린다.

...

4. 귤즙과 올리브 오일을 잘 섞은 뒤 조리용 붓으로 관자 카르파치오 위를 고루 바른다.
소금과 피멍 데스플레트를 살살 뿌린다. 나머지 재료(크루통, 귤, 사과, 래디시 피클)를 카르파치오 위에 고루 올린 뒤 라임즙을 뿌려 완성한다.

셰프의 팁

가리비를 고를 때는 입이 잘 다물어져 있는지, 좋지 않은 냄새가 나지 않는지를 잘 살피자. 이 두 가지가 가리비의 신선도를 말해준다.

모든 색깔을
거치는 차

녹차, 백차, 황차, 청차, 홍차, 흑차… 이 모든 색은 어디에서 오는가?

찻잎으로 구분하는 색깔

차 색깔이 다른 이유는 차를 만드는 방법에 달려 있다. 찻잎을 어떻게 처리하느냐, 어떤 산화 과정을 거치느냐 등 가공 과정에 따라 찻잎의 색깔이 달라진다.
녹차는 산화를 시키지 않은 비발효차다. 산화작용을 살청이라는 열처리로 단번에 차단해 찻잎 고유의 녹색을 유지시킨다. 백차는 덖거나 비비지 않고 인위적 개입을 최소화하여 건조시켜 만든 차다. 산화가 일어나지만 잎 표면에 국한되어 진행되며, 맛이 섬세하고 싱그럽다. 황차는 짚이나 젖은 천으로 덮어 증기를 쐬는 과정에서 산화 효소가 약하게 일어나 찻잎이 노란빛을 띤다. 이렇게 만든 황차는 한결 부드러운 맛을 지녀 매우 귀하고 값도 비싸다.

발효 정도에 따른 차의 종류

녹차, 백차, 황차 외의 차는 발효 정도에 따라 색을 구분한다. 차의 발효는 찻잎에 포함된 효소로 산화되는 전(前)발효와 미생물에 의해 발효시키는 후(後)발효로 나뉜다. 전발효차는 발효 정도에 따라 반(半)발효차와 완전발효차로 다시 나눈다.
청차는 발효 도중에 산화를 중단시켜 만드는 반발효차다. 산화 정도는 10%부터 시작하여 높으면 15~70%까지도 올라가는데, 발효를 많이 시킬수록 차의 색은 어둡고 짙어지며, 과일향이 진해진다. 우롱차가 청차의 일종이다. 홍차는 완전발효차로, 비발효차나 반발효차보다 맛이 깊고 부드럽다. 후발효차는 녹차를 만들 때처럼 먼저 열을 가해 찻잎의 효소를 파괴한 다음, 미생물로 발효를 시킨다. 미생물의 종류에 따라, 저장 방법에 따라 후발효차의 맛과 향이 달라진다. 후발효차는 색은 흑색에 가까우나 향기와 맛은 순하고 부드럽고, 오래될수록 차 맛이 깊어지는 특징이 있다. 푸얼 티라고도 불리는 보이차가 후발효차다.

Madeleines au thé

홍차 마들렌

마들렌 30개
준비 시간: 20분
조리 시간: 10분
휴지 시간: 24시간

밀가루 300g
그래뉴당 200g
버터 300g + 틀에 바를 여분의 버터 40g
달걀 4개
우유 90ml
꿀 45g
베이킹파우더 15g
얼그레이 티(우려낸 찻물) 1작은술

도구
제과용 반죽기(스탠드 믹서)
마들렌 틀 30개
조리용 온도계

이 요리에는 라뒤레의 바이올렛Violette 티가 잘 어울린다.

1. 제과용 반죽기 볼에 달걀과 설탕을 넣고, 거품용 휘퍼를 끼워 부드럽고 쫀득한 거품이 될 때까지 돌린다. 그동안 작은 냄비에 우유와 꿀을 넣고 60℃가 될 때까지 데운다. 밀가루와 베이킹파우더는 체에 내리고, 버터는 약한 불에 녹인다. 10분 정도 우린 얼그레이 티를 준비한다.

2. 달걀과 설탕 섞은 것에 꿀을 녹인 우유를 서서히 부어 섞는다. 그 뒤로 밀가루, 얼그레이 티, 녹인 버터를 순서대로 넣어 섞은 뒤 뚜껑을 덮어 냉장고에서 24시간 둔다.

3. 우선 오븐은 180℃로 예열한다. 마들렌 틀에 버터를 바르고 밀가루를 약간 뿌린다. 2번 과정의 반죽을 다시 한 번 잘 섞어 틀에 붓는다. 오븐에서 10분간 굽는다. 미지근하게 식으면 틀에서 꺼낸다.

Salade de fruits

과일 샐러드

6인분
준비 시간: 35분
휴지 시간: 1시간

잘 익은 파인애플 1개
망고 1개
키위 4개
딸기 250g
라즈베리 125g

시럽
그래뉴당 100g
물 200ml
바닐라 빈 1/2꼬투리
패션프루츠 2개

1. 파인애플은 꼭지와 밑동을 자른 뒤 껍질을 벗기고, 남은 눈 부분을 제거한다. 작은 삼각형 모양으로 썰면서 단단한 심지 부분을 도려낸다. 망고는 껍질을 벗기고 얇게 편으로 썬다. 키위는 껍질을 벗겨 큐브 모양으로 써는데, 꼭지 부분에 있는 딱딱한 부분을 제거한다. 딸기는 4등분 한다. 자른 과일을 접시 위에 고루 담는다.

2. 시럽을 만든다. 물을 미지근하게 데운 뒤 설탕을 넣어 녹인다. 바닐라 빈 꼬투리에서 긁어낸 바닐라 씨와 패션프루츠 과육을 넣고 식힌다.

3. 과일을 펼쳐 둔 접시 위에 시럽을 붓는다. 라즈베리를 올리기 전에 가볍게 뒤적여 섞는다. 시럽이 배어들도록 1시간 정도 두었다가 샐러드를 낸다.

이 요리에는 라뒤레의 윈난Yunnan 티가 잘 어울린다.

Financiers

피낭시에

피낭시에 12개
준비 시간: 20분
조리 시간: 6~8분
휴지 시간: 12시간

무염 버터 100g
+ 틀에 바를 여분의 버터 20g
슈거 파우더 150g
아몬드 가루 50g
중력분 40g
달걀흰자 4개분

도구
4×9cm 피낭시에 틀 12개

1. 큰 냄비에 버터 100g을 녹여 끓인다. 버터에서 거품 이는 게 멎으면 색이 나기 시작한다. 버터가 밝은 갈색이 돌면서 헤이즐넛 향이 나기 시작하면 불에서 내린다.

2. 볼에 슈거 파우더, 아몬드 가루, 밀가루를 담고 달걀흰자를 더해 스패출러로 잘 섞은 뒤 실온의 버터를 넣고 섞는다. 반죽을 냉장고에 넣어 최소 12시간 이상 둔다.

3. 12시간 휴지 뒤, 오븐을 210℃로 예열한다. 남은 버터 20g을 녹인 뒤 조리용 붓으로 틀에 바른다. 틀에 반죽을 3/4 정도 채운 뒤 오븐에서 6~8분간 굽는다.

이 요리에는 라뒤레의 랍상 소총Lapsang Souchong 티가 잘 어울린다.

4. 오븐에서 꺼내 잠시 열기가 빠지도록 둔다. 피낭시에를 틀에서 뺀 뒤 랙에 올려 완전히 식힌다.

셰프의 팁

달걀흰자를 사용할 때는 냉장고에서 미리 꺼내 실온에 두자. 그래야 부드럽고 균질한 반죽을 얻을 수 있다. 피낭시에 반죽은 랩으로 밀봉하면 5일 정도는 냉장 보관이 가능하다. 틀에 피스타치오나 헤이즐넛, 아몬드, 땅콩 등을 틀에 흩뿌린 뒤 반죽을 붓고 구우면 맛과 향이 더해진 견과류 피낭시에가 완성된다.

황제의 차

중국에서는 특급으로 손꼽히는 차가 몇 있다. '장인의 차'라고 불리는 이런 차는 대대로 이어져 온 조상의 지혜와 기술을 담아 전통 수공업 방식으로 만드는데, 매우 드물고 귀해 차 애호가들에게는 성배로 여겨진다.

황차

중국에서 황차 하면 품질이 특상인 녹차와 백차, 즉 와인에서의 그랑 크뤼 급의 차를 의미한다. 중국에서는 황제를 상징하는 색이 노란색이므로, 최고 품질의 차에 노랗다는 의미의 '황' 자를 붙였으며, 황차라는 명칭은 예전 각 지방에서 황제를 위해 최고의 차를 선별해 진상하던 시절에 붙은 이름이라 한다.

대홍포大红袍

중국 차 중에서 대홍포라는 차가 있다. 전설에 따르면, 명나라 때 어느 황제의 어머니가 푸젠 지방의 우이산 기암절벽에서 자란 차를 마시고 병이 낫자 황제가 그에 대한 보답으로 그 차나무에 붉은 비단 옷(대홍포)을 하사했다고 한다. 대홍포 차 덕에 중국의 어느 고위 관리가 병이 씻은 듯이 나았다는 또 다른 전설도 전해진다. 대홍포 차나무는 현재 4그루만 남아 있는데 현재 중국의 국보로, 중국 군대의 보호 아래 관리되고 있다. 대홍포 차나무에서 생산된 차 대부분은 중국 정부에서 귀한 국빈을 대접할 때 사용하며, 그 나머지는 경매를 통해 금값에 팔려 나간다.

UN THÉ
à l'anglaise

•••

잉글리시 티

잉글리시 티

*영국 사람들은 1인당 하루 평균 6잔의 차를 마신다고 한다.
차에 대한 애정과 차 문화에 대한 자긍심이 영국인처럼 강한 민족은 없으며
그들에게 차라는 존재는 생활방식 그 자체다.*

언제나 차와 함께

헨리 제임스는 그의 소설《여인의 초상》에서 "삶에서 애프터눈 티만큼 즐거운 시간은 얼마 되지 않는다"라고 썼다. 영국에서 차를 마시는 일은 성스러운 의식이며, 영국 사람들에게 티타임이란 프랑스나 이탈리아 사람들의 주일 식사만큼 중요하고 의미 있는 일이다. 그만큼 가족 간의 문화이자 전통으로 깊게 뿌리내려 있다는 뜻이다. 영국 사람들에게 티타임은 더없는 위안의 존재로, 그 안에 수많은 감정적 가치가 축적되고 얽혀 있어 티타임을 그저 '맛난 것을 곁들여 차를 마시며 즐기는 편안함'으로 설명하기에는 부족하다. 이러한 감정적 애착은 영국인들의 유년기 추억과도 연관되며 차 무역 독점에 열을 올린 영국의 지난 역사와도 관련이 있다.

문학과 예술 분야에 있어서도, 영국의 문화는 차와 함께 해왔다고 해도 과언이 아니다. 루이스 캐럴의 소설《이상한 나라의 앨리스》에서도 차와 관련된 에피소드가 등장한다. 모자 장수 집에서 열린 티 파티. 시간이 6시에 멈춰버린 탓에 토끼와 겨울잠쥐와 모자 장수는 끝없이 반복해 나오는 차를 마시며 시간을 보내야 하는 상황에 빠진다. 그야말로 끝없는 티 파티인 셈이다.

레이디 퍼스트

1837년 6월 28일, 영국의 빅토리아 여왕은 자신의 대관식을 맞아 이제껏 버킹엄 궁전에 없던 두 가지를 요구한다. 아침의 〈타임〉지 신문 그리고 오후의 차가 그것이다. 그 두 가지를 자신의 일상으로 들인 뒤에야 여왕은 이제야 이 나라를 통치한다는 게 실감 난다고 말했다고 전해진다. 빅토리아 여왕은 로열 애프터눈 티royal afternoon tea 관습을 만들었으며, 이러한 차 문화가 지금의 엘리자베스 2세 여왕까지 이어지고 있다.

차가 영국에 제대로 알려진 것은 1662년 영국의 찰스 2세와 혼인한 포르투갈의 공주 캐서린 드 브라간사 덕분이다. 공주는 지참금조로 차와 자기로 만든 차 도구가 가득 담긴 상자를 영국 왕실에 가져갔다. 아침 식사 때 처음으로 차를 마신 이는 앤 스튜어트 여왕이라고 전해지며, 파이브 오클락 티five o'clock tea라는 오후의 티타임을 만들어낸 것은 베드포드 가의 9번째 공작부인인 앤 마리아(1783~1857)였다. 점심과 저녁 식사 사이가 너무 길다고 여긴 앤 공작부인은 오후 나절에 빵과 케이크를 곁들인 티 테이블에서 친구들과 티타임을 즐겼으며, 이것이 영국 애프터눈 티의 시작이었다. 이는 프랑스의 상류사회 살롱 모임에서 영감을 받은 것으로, 당시 프랑스에서는 이미 유행이 지났을 때였다. 오히려 19세기 들어 영국 취향에 심취한 프랑스 사람들이 애프터눈 티 문화를 다시 받아들여 유행시키게 된다.

티 가운과 티 살롱

여성들이 누리는 지극한 즐거움의 시간으로 자리 잡아 가면서 애프터눈 티 문화는 19세기 들어 절정을 맞는다. 친구를 초대해 티타

임을 보내는 것이 큰 유행이 되었으며, 그와 함께 티타임 복장 역시 유행하게 된다. 1880년대 들어서는 티 파티 주최자인 여주인을 위한 의상이 특별히 개발되는데, 티 가운이라 불리는 이 드레스는 제대로 격식을 갖추고자 하는 여주인들에게는 필수 아이템이었다. 당시 여성의 복장은 가는 허리와 통 넓은 스커트로 대변될 만큼 꽉 조인 코르셋이 필수였다. 반면 티 가운은 차를 즐길 때만이라도 편안한 차림으로 그 시간을 누릴 수 있도록, 부드러운 소재와 여유 있게 흘러내리는 스타일로 디자인되었다. 화가 앙투안 와토 그림 속 인물에서 영감을 받아 개발된, 뒤쪽 목선부터 넉넉히 박스형 주름을 넣은 '와토 가운'도 등장했다. 긴장과 옥죄임의 요소를 제거한 '캐주얼한' 티 가운은 오로지 티타임에서만 허용되는 옷이었다. 하지만 영국과 프랑스 상류사회에서 티 가운 스타일이 차츰 큰 인기를 끌면서, 티 가운은 여성의 몸을 옷의 구속에서 벗어나게 이끄는 역할을 하게 된다.

산업혁명 시기에 들어서는 티 살롱이 없는 마을을 찾기 힘들 정도였으며, 티 살롱의 이

러한 확산은 여성 해방의 도구가 되었다. 당시의 티 살롱은 백화점과 마찬가지로, 여성이 혼자 길 수 있는 장소였기 때문이다.

온종일 티타임

영국에서는 차를 마시는 일이 일상 속 습관이다. 이른 아침 침대에서 일어나 마시는 차 한 잔은 얼리 모닝 티early morning tea, 세수한 뒤 아침 식사와 함께 마시는 차는 잉글리시 브렉퍼스트 티English breakfast tea, 오전 11시쯤 마시는 한 잔의 티a cup of tea는 '커파cuppa'라고 부른다. 오후에 마시는 크림 티cream tea(데본셔 티devonshire tea라고도 부른다)에는 스콘에 클로티드 크림과 잼을 곁들여 즐기는 데에 비해 애프터눈 티에는 샌드위치와 스

LADURÉE
Thé Ceylon
LADURÉE
Thé Earl Grey
Thé Darjeeling
Breakfast

콘, 여러 종류의 케이크를 곁들인다.

하이 티high tea라는 말은 티tea와 구분하기 위해 고안된 용어로, 그 자체로 식사를 뜻한다. 점심 식사를 간소히 때운 노동자들은 공장 일을 마치고 집으로 돌아와 고기를 비롯한 여러 요리를 제대로 차려 차를 곁들여 먹었으며, 그들의 이런 저녁 식사를 '하이 티'라고 불렀다. 애프터눈 티가 '로 티low-tea 테이블'에 앉아 차를 곁들여 즐기는 우아한 미식의 시간을 일컫는다면 하이 티는 저녁 식사 때의 좀 더 단순하고 소박한 티타임이라 할 수 있다. "Do you want tea with your tea?" 요크셔 지방에 가면 이런 질문에 당황할지 모른다. "저녁 식사 시간에 차를 드시겠습니까?" 정도로 해석할 수 있다. 티 브레이크tea break는 차를 마시며 쉬는 시간을 뜻하는 말로, 1970년대에 군대나 공장에서 많이 사용됐다.

신사의 티

영국에서 차는 아무 때나 아무렇게나 마시는 그런 것이 아니다. 그만큼 영국의 차 문화 전통은 영국인들의 마음과 생활에 깊숙하게 뿌리내려 있다. 차 애호가였던 작가 조지 오웰은 1946년 1월 12일자 〈이브닝 스탠더드〉지에 '한 잔의 맛있는 홍차'라는 짧은 에세이를 기고했다. 찻잎의 양과 찻물의 적당한 온도에 대해, 또 홍차를 따른 뒤 우유를 부으라는 조언 등 자신이 추구하는 '맛있는 홍차를 위한 11가지 방법'을 소개했다.

조지 오웰 이전에도 차를 전파한 대표적 인물로 19세기 로버트 포천을 들 수 있다. 식물학자였던 그는 중국에 잠입하여 동양의 신비한 차나무와 차에 대한 비밀을 훔쳐 나왔다. 차 사업가로는 토마스 립톤이 있다. 실론에서 자신의 차 재배 농장을 운영하면서 특출한 사업 수완을 발휘하여 차라는 소비재를 세계적으로 대중화시킨 인물이다.

Finger Sandwiches

핑거 샌드위치

종류별 30개씩
준비 시간: 15분

통밀 식빵 30쪽
보포르 치즈 600g
사보라 겨자savora mustard 80g(시나몬, 너트메그, 큐민, 타라곤, 케이언, 마늘, 식초, 꿀 등이 섞여 있는 프랑스 겨자)
크렘 프레슈(액상) 80ml

보포르 샌드위치

보포르 치즈는 4mm 두께로 자른다. 크림은 거품기로 저어 단단한 거품 상태로 만든다. 제과용 반죽기에 거품용 휘퍼를 끼워 거품을 내도 좋다. 크림에 겨자를 섞은 뒤 식빵 2쪽에 고루 바른다. 한쪽에 보포르 치즈를 얹고 다른 한쪽으로 덮어 샌드위치를 만든다. 테두리 부분은 깔끔하게 자른 뒤 샌드위치를 반으로 가른다.
샌드위치는 젖은 면포나 랩으로 덮어 마르지 않게 둔다.

식빵 30쪽
3mm 두께 슬라이스 햄 750g
실온에 둔 무염 버터 250g
코르니숑(미니 오이 피클) 120g
피멍 데스플레트(또는 매운 파프리카 가루) 1꼬집
천일염 1꼬집

도구
다용도 채칼

햄 샌드위치

버터는 으깨어 부드럽게 만든 다음 천일염과 피멍 데스플레트를 넣어 섞는다. 코르니숑은 다용도 채칼로 균일하고 얇은 두께로 슬라이스한다. 식빵 2쪽에 버터를 얇게 바른 뒤 한쪽에 코르니숑과 햄을 올리고 남은 한쪽으로 덮는다. 테두리 부분은 깔끔하게 자른 뒤 샌드위치를 반으로 가른다.
샌드위치는 젖은 면포나 랩으로 덮어 마르지 않게 둔다.

•••

통밀 식빵 30쪽
루콜라 250g
바질 1줄기
가지 180g
애호박 30g
노란 애호박 30g
리코타 치즈 150g
파르메산 치즈 간 것 60g
올리브 오일 150ml

도구
다용도 채칼

구운 채소 샌드위치

1. 루콜라는 잘게 썬 뒤 바질 잎, 파르메산 치즈, 리코타 치즈와 섞는다. 애호박과 가지는 채칼을 이용해 3mm 두께로 슬라이스한다. 소금 간을 하고 올리브 오일을 발라 그릴에 4~5분간 굽는다. 접시에 옮겨 올리브 오일을 약간 뿌린다.

2. 식빵 2쪽에 루콜라, 리코타 치즈를 스패출러로 바른다. 식빵 한쪽에 구운 채소를 올린 뒤 남은 한쪽으로 덮는다. 딱딱한 테두리 부분은 잘라낸 뒤 샌드위치를 반으로 가른다.
샌드위치는 젖은 면포나 랩으로 덮어 마르지 않게 둔다.

먹물 식빵 30쪽
훈제 연어 슬라이스 600g
크림치즈 600g
라임 1/2개
피멍 데스플레트(또는 매운 파프리카 가루) 1꼬집
천일염 2꼬집

연어 샌드위치

크림치즈와 라임즙, 라임 제스트, 소금, 피멍 데스플레트를 섞는다. 식빵 2쪽에 스패출러로 크림치즈를 얇게 바른다. 한쪽에 연어 조각을 올린 뒤 다른 한쪽으로 덮는다. 딱딱한 테두리 부분은 자른 뒤 샌드위치를 반으로 가른다.
샌드위치는 젖은 면포나 랩으로 덮어 마르지 않게 둔다.

식빵 30쪽
닭 가슴살 익힌 것 750g
파르메산 치즈 간 것 30g
유기농 달걀 6개

시저 드레싱(120g)
유기농 달걀 1개
달걀노른자 1개분
파르메산 치즈 간 것 10g
포도씨 오일 70ml
갓 짠 레몬즙 1/4개분
올리브 오일에 재운 안초비 필레 3개
셰리 와인 식초 5ml
타바스코 1방울
우스터 소스 2방울
저지방 요구르트 2큰술
가는 소금 2꼬집

이 요리에는 라뒤레의 실론Ceylan 티가 잘 어울린다.

닭고기 샌드위치

1. 시저 드레싱을 만든다. 달걀 1개를 삶아 식힌 뒤 껍질을 벗긴다. 볼에 삶은 달걀과 날달걀노른자, 파르메산 치즈를 넣고 섞는다. 거기에 포도씨 오일을 한꺼번에 넣지 말고 조금씩 더하면서 섞는데, 거품기로 계속 저어 마요네즈 질감이 되게 한다. 오일을 털어낸 안초비를 넣고 잘 섞는다. 거품기로 젓는 것을 멈추고 레몬즙, 타바스코, 우스터 소스, 와인 식초, 저지방 요구르트, 소금을 넣어 섞는다.

2. 달걀 6개를 삶아 껍질을 벗긴 뒤 곱게 다진다. 시저 드레싱과 파르메산 치즈를 넣어 잘 섞는다. 닭고기는 넓게 포를 뜬다. 식빵 2쪽을 펼치고 스패출러로 시저 드레싱을 고루 바른 뒤 한쪽에만 닭고기를 올리고 남은 한쪽으로 덮는다. 딱딱한 테두리 부분은 깔끔하게 잘라낸 뒤 샌드위치를 반으로 가른다.
샌드위치는 젖은 면포나 랩으로 덮어 마르지 않게 둔다.

Ladurée Club Sandwich

라뒤레 클럽 샌드위치

6인분
준비 시간: 40분
조리 시간: 10분
건조 시간: 6~8분

닭 가슴살 익힌 것 480g
식빵 12쪽
유기농 달걀 6개
파스트라미 6조각
토마토 3개
양상추 1통
붉은 시소 1줌
가는 소금 1꼬집

마요네즈(300g)
달걀노른자 3개분
디종 머스터드 30g
식물성 오일 250ml
식초 약간
피멍 데스플레트(또는 매운 파프리카 가루)
1꼬집
소금 1꼬집

도구
나무 꼬치

1. 끓는 물에 달걀을 넣고 10분간 삶는다. 차가운 물에 담가 식힌 뒤 껍질을 깐다.

2. 닭 가슴살은 넓게 포를 뜬다. 토마토는 씻어 동그란 모양을 살려 얇게 슬라이스한다. 달걀도 모양을 살려 얇고 동그랗게 슬라이스한다.

3. 마요네즈를 만든다. 우선 달걀을 깨서 흰자와 노른자를 분리한다. 마요네즈 양을 생각하여 적당한 크기의 둥근 볼을 준비한다. 볼에 노른자를 담고 겨자, 소금, 피멍 데스플레트를 더한 뒤 균질한 질감이 될 때까지 거품기로 잘 젓는다. 오일을 아주 조금씩 더하면서 쉬지 않고 젓는다. 마지막으로 식초를 더하고 간을 맞춘다.

•••

4. 파스트라미 칩을 만든다. 우선 오븐은 180℃로 예열한다. 시트 팬에 파스트라미 슬라이스를 반으로 잘라 펼치고 그 위에 시트 팬을 겹쳐 올린 뒤 오븐에서 6~8분간 건조시킨다.

5. 양상추는 씻어 물기를 뺀 뒤 잎을 때서 잘게 썰어 마요네즈에 섞는다.

6. 이제 클럽 샌드위치를 만든다. 식빵 2쪽을 구운 뒤 한쪽에 양상추를 섞은 마요네즈를 바른다. 그 위로 둥글게 자른 삶은 달걀과 토마토를 올리고 닭고기를 올린 뒤, 다시 양상추를 섞은 마요네즈를 올린다. 남은 빵으로 덮는다. 나무 꼬치를 꽂아 속이 빠져나오지 않게 고정한다. 테두리 부분은 깔끔하게 잘라낸다.

7. 샌드위치를 3등분 한다. 접시에 올린 뒤 파스트라미 칩 2개와 시소 잎을 곁들인다.

이 요리에는 라뒤레의 다르질링Darjeeling 티가 잘 어울린다.

배합의 미학

영국인들은 다양한 차를 조합하는 데에 매우 능통하다. 서로 다른 맛과 향을 지닌 찻잎을 배합하여 개성 있는 조합을 만드는 것을 '블렌드blend'라고 부르는데, 티 블렌딩은 식민지 시대에 처음 등장했다.

VIP의 레서피

잉글리시 브렉퍼스트English Breakfast는 대표적인 블렌딩 홍차 중 하나다. 실론 티와 아삼 티, 케냐 티를 영국 스타일로 배합한 잉글리시 브렉퍼스트는 빅토리아 여왕 시기에 대중화되어 지금까지도 세계에서 가장 많이 소비되는 홍차 중 하나로 꼽힌다. 프랭스 드 갈Le Prince de Galles도 유명하다. 웨일스의 왕자 에두아르에게 따온 이름으로, 에두아르 왕자는 1921년, 영국 홍차 회사 트와이닝Twinings이 자신이 즐기던 홍차의 배합－치먼祁門, 안후이安徽 등 중국에서 생산된 다양한 홍차의 조화－을 상품화할 수 있도록 허가했다. 프랭스 드 갈 블렌딩은 경직된 틀에서 벗어나 자유로운 배합을 중시하면서 실론 티와 아삼 티, 블랙커런트 아로마까지 더해 개성 있는 매력을 전한다.

그레이 백작의 블렌딩, 얼그레이

영국 티의 전통이라 부를 수 있는 얼그레이Earl Grey는 베르가모트(레몬과 오렌지의 사촌이라 할 수 있는 감귤류 나무)로 향을 입힌 가향차다. 그 이름은 1830년부터 1834년까지 영국의 총리를 맡았던 찰스 그레이 백작에게서 따온 것이다. 당시 영국 귀족 사회에서 인기를 누리던 중국 차의 맛을 흉내내 홍차에 감귤류 악센트를 더해 유행시킨 이가 바로 그레이 공작이었다. 하지만 의도적으로 개발된 것이라기보다는 우연히 차를 마시다가 베르가모트 조각을 넣었을 뿐, 그는 중국에 가본 적도 없었다고 한다. 중국 티와 다르질링 티, 실론 티의 블렌딩에 베르가모트 에센스로 향을 입힌 랍상 소총을 소량 더해 만드는 영국의 대표적 블렌딩 차, 얼그레이. 얼그레이의 원조 논란은 잭슨스 오브 피커딜리Jacksons of Piccadilly와 트와이닝, 두 곳의 차 제조사 사이에서 현재까지 계속되고 있다.

Œufs mimosa

미모사 달걀

6인분
준비 시간: 30분
조리 시간: 15분
건조 시간: 15~20분

실온 달걀 15개
쇠고기 파스트라미 60g
연어알 12g
마요네즈 120g
차이브 1다발
갈색 아마씨, 황금색 아마씨 30g씩
파르메산 치즈 간 것 60g
올리브 오일 1방울
소금, 후추 약간씩

연어 리예트
신선한 연어살 40g
훈제 연어 슬라이스 25g
크림치즈 10g
차이브 10줄기
레몬즙 1/2개분
크렘 프레슈(액상) 100ml
유기농 올리브 오일 약간
피멍 데스플레트(또는 매운 파프리카 가루), 천일염 1꼬집씩

1. 끓는 물에 달걀을 살살 집어넣고 8분간 삶는다. 차가운 물에 담가 식힌 뒤 껍질을 깐다.

2. 연어 리예트를 만든다. 생연어를 작게 도막 내어 10분 정도 찐 다음 냉장고에 넣어 식힌다.

3. 연어를 찌는 동안 훈제 연어를 다듬는다. 검은 부분은 도려낸 뒤 작은 큐브 모양으로 썬다. 차이브는 씻어 물기를 뺀다. 크림은 거품기로 저어 단단한 거품 상태로 만든 뒤 소금과 레몬즙을 섞는다.

4. 찐 연어가 식으면 볼에 담고 포크로 으깬다. 훈제 연어, 차이브, 크림치즈, 레몬즙 넣은 크림까지 더해 섞는다. 올리브 오일과 피멍 데스플레트를 넣고 고루 섞어 균질한 질감이 나게 한다. 취향에 맞게 간한다.

•••

버섯 뒥셀

양송이버섯 40g
크렘 프레슈(액상) 190ml
무염 버터 25g
피멍 데스플레트(또는 매운 파프리카 가루) 1꼬집
가는 소금 1꼬집

도구

지름 4mm 깍지를 끼운 짜주머니

5. 버섯 뒥셀을 만든다. 양송이버섯은 흙이 묻은 기둥 아래쪽은 자르고 물에 재빨리 씻는다. 기둥 부분까지 아주 작은 큐브 모양으로 썬다. 달군 냄비에 버터를 데우는데, 색이 나지 않게 주의한다. 버터에 버섯을 넣고 약한 불에서 볶는다. 나무주걱으로 가끔 저어주면서 버섯에서 나온 물이 다 날아갈 때까지 볶는다. 크림을 더해 점도가 생길 때까지 조린 뒤 소금으로 간한다.

6. 삶은 달걀은 길이로 반 가른다. 흰자에 상처가 나지 않게 주의하면서 노른자만 꺼내 볼에 모은다. 포크로 노른자를 으깬 뒤 마요네즈와 잘게 썬 차이브를 더해 섞는다. 간을 맞춘 뒤 짜주머니에 옮겨 담는다.

7. 파스트라미 칩을 만든다. 우선 오븐을 160℃로 8분간 예열한다. 시트 팬에 파스트라미를 올리고 그 위를 또 다른 시트 팬으로 눌러 오븐에 넣고 15~20분간 말리듯 굽는다. 파르메산 치즈 간 것으로 치즈 칩도 만드는데, 시트 팬에 치즈를 펼친 뒤 오븐에 넣어 6분간 굽는다. 파스트라미 칩과 파르메산 치즈 칩 모두를 잘게 부순다.

8. 올리브 오일을 약간만 두른 팬에 아마씨 2종류를 살짝 볶는다.

9. 짜주머니에 담은 미모사 믹스를 짜서 달걀흰자의 속을 채운다. 그 위로 파스트라미 칩, 파르메산 치즈 칩, 연어 리예트, 볶은 아마씨, 차이브 토핑을 얹어 장식한다.

이 요리에는 라뒤레의 브렉퍼스트Breakfast 티가 잘 어울린다.

Sablés viennois

비엔누아 사블레

사블레 40개
준비 시간: 30분
조리 시간: 15~20분

버터 190g + 팬에 바를 여분의 버터 20g
슈거 파우더 75g
바닐라 파우더 1꼬집
달걀흰자 1개분
박력분 225g
천일염 1꼬집

도구
지름 4mm의 결이 있는 깍지를 끼운 짜주머니

이 요리에는 라뒤레의 얼그레이Earl Grey 티가 잘 어울린다.

1. 버터를 작게 썰어 내열 용기에 담은 뒤 물이 가볍게 끓고 있는 냄비에 넣어 중탕해 녹인다. 나무주걱으로 버터를 으깨 가며 부드러운 포마드 정도의 느낌이 나면 불에서 내린 뒤 거품기로 저어 균질한 질감을 만든다. 슈거 파우더, 바닐라 파우더, 달걀흰자 순으로 더하는데, 단계별로 하나씩 넣어 가면서 거품기로 고루 잘 섞는다.

2. 먼저 오븐을 150℃로 예열한다. 밀가루는 체에 내려 1번 과정의 반죽을 더한 뒤 나무주걱으로 고르게 섞어 균질한 반죽이 되게 한다.

3. 오븐용 시트 팬에 버터를 바른다. 대신 유산지를 깔아도 좋다. 짜주머니에 2번 과정의 반죽을 넣고 지름 6cm의 소용돌이 모양으로 짠다. 노릇해질 때까지 오븐에서 15~20분간 굽는다. 식힌 뒤에 밀폐 용기에 담아 습기에 영향을 받지 않게 보관한다.

Cake chocolat à l'orange

오렌지 초콜릿 케이크

8~10인분
준비 시간: 1시간 30분
조리 시간: 55분
휴지 시간: 최소 12시간

오렌지 당절임
오렌지 1개
물 200ml
그래뉴당 100g

초콜릿 케이크 반죽
황금색 건포도 75g(전날 불려 놓는다)
버터 150g + 팬에 바를 여분의 버터 15g
밀가루 120g + 팬에 뿌릴 여분의 밀가루 10g
무가당 코코아 파우더 30g
베이킹파우더 5.5g(1/2봉지)
그래뉴당 150g
오렌지 절임 210g

오렌지 당절임과 건포도 불리기

재료는 하루 전에 준비하자.

1. 오렌지는 2mm 두께로 얇게 슬라이스한다. 냄비에 물과 설탕을 넣고 끓어오르면 조심해서 오렌지 슬라이스를 넣는다. 더는 끓지 않도록 약한 불로 낮춰 30분 정도 조린 다음 불에서 내려 식힌다. 시럽을 잘 털어 오렌지만 덜어 냉장고에 넣어 보관한다.

2. 건포도는 볼에 담은 뒤 건포도보다 1cm 정도 올라오게 따뜻한 물을 붓고 불린다. 랩으로 덮어 실온에 12시간 이상 두었다가 건포도를 건진다.

초콜릿 케이크 반죽

3. 케이크 팬에 버터를 바른다. 나중에 팬에서 꺼내기 쉽도록 유산지를 모서리에 두른다. 버터가 굳도록 케이크 팬을 10분 정도 냉장고에 넣는다. 팬을 꺼내 곧바로 밀가루를 뿌린 뒤 뒤집어서 여분의 밀가루를 턴다.

•••

오렌지 시럽
오렌지 주스 150ml
그래뉴당 120g
그랑 마니에르 80ml(코냑에 오렌지 향을 가미한 프랑스산 리큐어)

오렌지 글레이즈
오렌지 젤리 50g
물 1큰술

도구
폭 8cm, 길이 25cm, 높이 8cm의 케이크 팬

4. 버터와 달걀은 실온에 꺼낸다. 큰 볼에 밀가루와 코코아 파우더, 베이킹파우더를 체에 내려 잘 섞는다. 다른 볼에 버터를 담고 포마드 질감이 될 때까지 잘 저은 뒤, 설탕을 더해 거품기로 힘차게 섞는다.
거품기로 계속 저으면서 달걀을 하나씩 더한다. 나무주걱이나 스패출러로 코코아 파우더와 밀가루, 베이킹파우더 섞은 것을 더해준다. 마지막으로 물기를 뺀 불린 건포도와 오렌지 당절임 자른 것을 넣고 섞는다.

5. 우선 오븐을 220℃로 예열한다. 케이크 팬에 4번 과정의 반죽을 붓는데, 팬 높이보다 2cm 못 미치게 채운다. 오븐에 넣고 10분간 구운 뒤 꺼내어 껍데기가 생긴 윗면을 칼로 길게 가른다. 오븐을 180℃로 맞추고 곧바로 다시 오븐에 넣어 40~45분간 굽는다. 중간중간 익은 정도를 확인하는데, 뾰족한 칼 끝으로 케이크를 찔러 보아 아무것도 묻어나지 않으면 잘 구운 것이다.

오렌지 시럽

6. 케이크를 굽는 동안 오렌지 시럽을 만든다. 먼저 냄비에 오렌지 주스와 설탕을 넣고 끓인다. 불에서 내린 뒤 그랑 마니에르를 섞는다.

∘∘∘

7. 잘 구운 케이크는 팬에서 꺼내 식히는데, 곧 시럽을 부을 수 있도록 시트 팬을 깐 랙에 올려 식힌다. 시럽을 데워 끓어오르면 국자로 떠서 케이크 위에 넉넉히 붓는다. 시트 팬으로 흘러내린 시럽을 모아 케이크 위에 다시 붓는다. 한 번 더 반복한 뒤 잘 식힌다.
케이크 위를 오렌지 당절임 조각으로 장식한다.

오렌지 글레이즈

8. 냄비에 오렌지 젤리와 물 1큰술을 넣어 서서히 데운다. 끓어오르지 않게 50~60℃를 유지하면서 점도가 생기게 한다. 케이크에 젤리를 바른다.

이 요리에는 라뒤레의 실란Ceylan 티가 잘 어울린다.

홍차의 등급

홍차의 품질 등급은 어느 부분의 찻잎을 따서 만든 것인가 하는 채엽 방식 그리고 찻잎 크기, 이 두 요소를 기준으로 매기며, 다음과 같은 약어를 사용해 표기한다.

Whole leaf type 잎 전체를 살려 만드는 타입

잎 전체를 그대로 이용해 만든 전엽차全葉茶는 줄기 끝에 난 새순과 어린 잎이 많이 들어 있을수록 고급 차로 인정받는다. 등급은 어느 위치의 잎을 따서 만들었느냐에 따라 다음과 같이 나뉜다. Flowery Orange Pekoe(FOP)—Orange Pekoe(OP)—Pekoe(P)—Souchong 순이다. FOP는 새싹과 어린 잎으로 이뤄진 아주 좋은 차다. 갓 나와서 끝이 돌돌 말린 가지 끝 새순과 바로 아래 2개 잎으로 만든다. OP는 전엽차의 기본이다. FOP보다 좀 더 자라난 길고 뾰족한 잎으로 만드는데, 가지 끝 새순이 잎으로 변할 때 그 순과 바로 아래 2개 잎을 수확한다. P는 OP보다 질이 떨어지며, 소총은 P 아래쪽 잎으로, 홍차를 만들 수 있는 가장 큰 잎이다. 주로 훈연차 제조에 쓰인다. 인도에서 통용되는 등급을 보면, Golden Flowery Orange Pekoe(GFOP)는 황금빛 새순 함량이 높은 FOP를 의미하며, Tippy Golden Flowery Orange Pekoe(TGFOP)는 황금빛 새순만 들어 있는 FOP를, Finest Tippy Golden Flowery Orange Pekoe(FTGFOP)는 TGFOP보다 더 섬세하고 정교하게 수확한 차이며, 최상등급의 FOP 홍차는 Special Finest Tippy Golden Flowery Orange Pekoe(SFTGFOP)로 표시한다.

Broken type 찻잎을 분쇄해 만드는 타입

찻잎을 일정한 크기로 잘라 만든 홍차는 각각의 용어에 B(broken을 의미하는)를 붙여 Broken Pekoe Souchong(BPS), Broken Orange Pekoe(BOP), Finest Broken Orange Pekoe(FBOP), Golden Broken Orange Pekoe(GBOP), Golden Flowery Broken Orange Pekoe(GFBOP), Tippy Golden Broken Orange Pekoe(TGBOP) 등급을 매긴다. BOP를 체에 걸러 밑으로 떨어지는 잎, 즉 브로큰보다 크기가 작은 것을 F(Fannings 판닝)라 부르며, 그보다 더 입자가 작아서 분말에 가까운 것은 D(Dust 더스트)라 부른다. F, D 약자는 위에서 설명한 용어에 덧붙여 등급을 표시한다.

Tartelettes citron vert et noix de coco

라임과 코코넛을 넣은 타르트

8인분

준비 시간: 1시간 15분 + 기본 레서피
조리 시간: 35분
냉장 시간: 13시간
냉동 시간: 1시간

라임 크림

왁스 처리하지 않은 라임 1개
그래뉴당 170g
옥수수 전분 5g
달걀 3개
라임즙 115g
버터 250g

코코넛 크림

크렘 프레슈(액상) 60g
버터 25g
슈거 파우더 25g
코코넛 가루 25g
다크 럼 1큰술
달걀 1개
옥수수 전분 25g

라임 크림과 스위트 아몬드 페이스트리 반죽(p.297의 레서피 참조)은 하루 전에 준비하자.

라임 크림

1. 강판에 라임 껍질을 갈아 제스트를 만든다. 볼에 라임 제스트와 설탕을 섞은 뒤 옥수수 전분, 달걀, 레몬즙을 순서대로 넣는다.
냄비에 옮겨 담고 약한 불에 올려 스패출러로 저어가며 끓인다. 뻑뻑한 크림 질감이 되면 불에서 내린다.
잠시 10분 정도 식힌 뒤 아직 뜨거울 때(60℃ 정도) 부드러운 버터를 넣어 매우 균질한 질감의 크림 상태가 되도록 잘 섞는다.
밀폐 용기에 담아 최소 12시간 냉장고에 두어 라임 크림을 굳힌다.

•••

스위트 아몬드 페이스트리 타르트 셸

스위트 아몬드 페이스트리 반죽 350g
(p.297 레서피 참조)
작업대에 뿌릴 밀가루 25g
틀에 바를 버터 20g

라임 글레이즈

라임 젤리 50g
물 1큰술
장식으로 쓸 레몬 당절임 제스트와
레몬 제스트 약간

도구

지름 8cm, 높이 2cm의 타르트 틀 8개
지름 12cm의 커터
조리용 온도계

코코넛 크림

2. 반구형 냄비를 냉동실에 넣어 얼린다. 냄비가 얼면 크림을 붓고 거품기로 힘차게 저어 단단한 상태가 되게 한다.
다른 볼을 준비해 부드러운 버터와 슈거 파우더, 코코넛 가루를 담고 럼, 달걀, 옥수수 전분을 넣어 잘 섞는다. 휘핑한 크림을 마저 더해 섞는다.

스위트 아몬드 페이스트리 셸

3. 작업대에 반죽을 놓고 두께 2mm로 펼친다.
원형 커터나 볼을 사용해 지름 12cm의 원반 모양으로 자른다. 버터를 바른 타르트 틀에 자른 원반을 꼭 맞게 깐다. 냉장고에 넣어 1시간 휴지시킨다.

4. 먼저 오븐을 170℃로 예열한다. 굽는 동안 셸이 부풀어 오르지 않도록 포크로 타르트 셸 바닥을 콕콕 찍는다. 유산지를 셸 지름보다 큰 원반 모양으로 잘라 덮어주는데, 모서리 부분까지 꼼꼼히 눌러 뜨는 곳이 없게 하고, 틀보다 높게 올라오게 하여 굽는 동안 반죽 모양이 잘 유지되게 한다. 유산지 위로 마른 콩을 채운다.
타르트 셸을 오븐에 넣어 노릇해질 때까지 15분간 굽는다.

5. 구운 셸은 잠깐 식힌 뒤 콩과 유산지를 빼낸다.
곧바로 코코넛 크림을 2~3mm 두께로 얇게 바른 뒤 다시 오븐에 넣어 셸과 크림에 색이 돌 때까지 10분간 굽는다.
오븐에서 꺼낸 뒤 틀에서 빼내 식힌다.

6. 숟가락으로 타르트 속을 채운다. 먼저 라임 크림을 셸 높이까지 채우고 금속 스패출러로 표면을 매끈하게 정리한다.
크림 표면이 얼도록 냉동실에 1시간 정도 둔다.

라임 글레이즈

7. 냄비에 라임 젤리와 물 1큰술을 넣어 서서히 데운다. 끓어오르지 않게 50~60℃를 유지하면서 점도가 생기게 한다. 냉동실에서 꺼낸 타르트에 조리용 붓으로 바른다.
레몬 당절임 제스트와 레몬 제스트로 타르트 위를 장식한다.

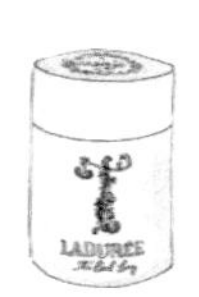

이 요리에는 라뒤레의 얼그레이Earl Grey 티가 잘 어울린다.

홍차에 우유를 넣을까 말까?

영국 사람들은 차에 우유를 넣어 마시는 것을 즐긴다. 진한 홍차 종류를 블렌드하여 아침부터 저녁까지 즐기다 보니 강한 차 맛에 부드러움을 더하고 타닌의 쓴맛을 줄이기 위해서다.

프랑스에서 건너온 습관

차 애호가들에게 차란 차 맛 자체를 즐기는 것이지, 우유나 레몬이나 설탕으로 그 맛을 변질시키는 것을 허용하지 않는다. 차에 우유를 넣어 마시는 습관은 프랑스에서 전해진 것이라고 한다. 프랑스 궁정이나 상류층 여인들은 찻잔에 뜨거운 물을 붓다가 갑작스러운 열기 때문에 귀한 찻잔이 깨지는 것을 원치 않았다. 그래서 고안해낸 아이디어는 차가운 우유를 더하는 것이었다고 한다. 자신들의 유제품에 자긍심이 가득한 영국 사람들에게 차에 우유를 넣어 마시는 방식은 빠른 속도로 퍼져 나갔으며, 지금도 굳건히 지켜지고 있다.

차와 우유의 만남

의학 연구 결과에 따르면 차에 우유를 더해 마실 경우 녹차나 홍차를 섭취해 얻는 건강상 효능이 떨어진다. 동맥경화를 예방하고 혈액순환을 원활하게 하는 차 속의 폴리페놀 성분이 우유 때문에 사라진다는 것이다. 2017년, 베를린 의대 병원 샤리테에서 심장병을 연구하는 베레나 스탕글 박사와 그의 연구진은 우유와 차가 만나면 우유 속에 든 카세인 성분이 폴리페놀의 작용을 봉쇄해 버린다는 것을 확인했다. 이 연구 결과는 영국을 비롯해 엄청난 양의 차를 마셔온 나라의 사람들이 우유 없이 차 자체를 즐기는 아시아 사람들만큼 차의 효능을 누리지 못하고 있는지에 대한 부분적인 설명이 되어줄 것이다.

LADURÉE

UN THÉ pour bruncher

•••

브런치 티

다음에 나오는 사진은 제네바 라뒤레 살롱에 차려진 브런치 티 테이블이다.
공간 장식은 인디아 마다비가 맡았다.

브런치 티

이제 더 이상 차를 마시기에 적당한 시간이 있다고 말하기는 힘들 듯하다. 최근의 요리와 미식 트렌드는 여유롭게 차를 마시고 즐기는 시간이 늘어나고 있으며, 그 흐름의 중심에 브런치가 있다.

앵글로색슨족의 문화

브런치brunch라는 용어는 영어에서 아침 식사인 브렉퍼스트breakfast와 점심 식사인 런치lunch의 앞 글자를 따서 만든 합성어다. 흔히 말하는 '아점'으로 아침과 점심 사이에 먹는 느린 오찬을 뜻한다.

브런치는 19세기 말 영국 귀족이 이른 아침 스포츠로 사냥을 끝낸 후 집에 돌아와 식은 고기와 파이, 설탕 절임으로 느긋하게 아침 식사를 즐겼던 것에서 비롯됐다. 영국이 풍요로웠던 시대에 귀족이 누린 호사와 여유의 상징이었다. 브런치는 토요일 주말 밤늦게 잠든 이들에게도 알맞은 식사다 보니 자연스럽게 일요일에 즐기는 것으로 자리 잡게 되었다.

오늘날 브런치는 가족끼리 또는 친구들과 모여 여러 사람이 즐기는 것이 일반적이다. 전 세계 여러 나라는 앵글로색슨족의 브런치 문화를 기꺼이 받아들이기 시작했으며, 가장 마지막에 퍼진 지역은 라틴계 나라로, 프랑스에는 1990년대 들어서야 브런치가 선풍적인 인기를 끌었다. 미국의 브런치 메뉴는 주마다 차이가 있는데, 뉴욕 주에서는 과일 주스 칵테일을 곁들인다(아마도 금주령이 내려진 시기에 블러드 메리를 해장술로 낮에 홀짝이고 싶은 바람에서 비롯된 듯하다).

LADURÉE
Thé Jasmin
LADURÉE
Thé Earl Grey
LADURÉE
Thé Jardin Bleu Royal
LADURÉE
Thé Mélange
LADURÉE
Thé Amande

파티와 무형식의 즐거움

브런치는 뷔페 차림이 일반적이다. 집에서도 그렇고, 레스토랑에서도 주말 특선이라는 이름을 달고 뷔페 형식의 브런치를 선보인다. 브런치에는 파티를 즐기듯 유쾌한 분위기에서 긴장이 풀리는 편안함이 공존한다. 맛난 메뉴들 사이에서 식사 순서와 예절 따위는 그다지 큰 의미가 없다. 브런치는 담소를 나누고 차를 음미하기에 어울리는 시간이자 친한 이들끼리 나누는 마음 편안한 식사로, 나비처럼 이 음식 저 음식을 오가며 가볍게 즐기는 게 브런치의 매력이다.

브런치의 메뉴 구성을 살펴보자. 우선 차, 과일 주스, 과일, 커피, 핫 초콜릿 등의 음료에 페이스트리, 토스트, 팬케이크, 머핀, 케이크류가 나오고, 거기에 스크램블드 에그나 삶은 달걀, 에그 베네딕트, 베이컨, 소시지, 닭고기, 치즈, 샐러드, 키슈 등의 짭짜름한 요리를 곁들인다. 차는 훈연 차나 브렉퍼스트 티, 얼그레이 티가 음식과 좋은 궁합을 이룬다. 물론 좀 더 진한 윈난의 홍차도 어울리고, 우디한 향이 도는 실론 티나 중국의 재스민 티도 좋을 듯하다.

형식에 얽매이는 것 없이 맛난 음식을 마음껏 즐기는 브런치. 그 기분 좋은 느긋함에 빼놓을 수 없는 매력은 차와 함께 음식을 즐긴다는 점이다.

식사와 함께 차를 마시는 아시아

아시아에서는 식사의 종류가 무엇이든 늘 차를 곁들이고, 어느 때든 수시로 차를 마신다. 차가 소화를 돕고 몸에 수분을 공급한다고 하여 저녁에도 차를 마신다. 덖어서 만들어 구수한 맛이 나는 녹차류는 짭짜름한 요리와 잘 어울리며, 쪄서 풀 향기와 바다 내음이 도는 녹차류는 생선회와 잘 맞는다.

브런치의 또 다른 모습을 중국에서도 찾을 수 있다. 광둥 지방에서 시작되었다는 딤섬이 바로 그것이다. 딤섬이란 아침에 시작해 오후까지 길게 이어지는 식사를 뜻한다. 여러 가지 유래가 전해지지만, 실크로드를 걷던 여행자들이 잠시 멈춰 서서 따뜻한 차를 곁들인 먹거리로 허기를 달래고 피로를 풀었다는 설이 가장 유력하다.

딤섬의 종류로는 기름에 튀긴 달콤하고 짭조름한 튀김류, 증기에 쪄낸 만두류, 채소볶음류가 있으며 각각의 딤섬은 소량씩 대나무 찜기에 담겨 보온 수레에 실려 나온다. 얌차飮茶(차를 마신다는 의미) 시간이면 딤섬을 차에 곁들여 먹는데, 오후 나절에 딤섬과 차를 함께 내는 레스토랑을 특별히 '차라우茶樓'라 이름 붙여 부른다. 전 세계 수많은 레스토랑이 수많은 종류의 딤섬을 선보이며 딤섬 문화를 이어가고 있다. 딤섬 레스토랑에서는 어떤 차를 선택하느냐가 중요하다. 서양 레스토랑에서 먼저 물병을 내오듯, 따뜻한 물이 담긴 찻주전자를 무한정으로 내준다.

향기로운 조력자

차가 지닌 풍성한 아로마에 대한 호기심 그리고 차와 음식을 페어링해보고 싶은 욕구는 금세 유럽을 사로잡았다. 지난 10년 동안 유럽 대륙의 여러 셰프들이 차를 이용한 음식 또는 차와 어울리는 음식을 새롭게 시도하고 선보여 왔다. 마치 '새로운 와인'이 등장한 것처럼 차에 매료된 와인 전문가들도 점점 늘고 있다.

차는 향기의 팔레트가 대단히 넓어 다양한 음식과 매치가 가능하다는 장점이 있다. 미쉐린 별을 받은 레스토랑 아르페주L'arpège의 셰프 알랭 파사드에 따르면, 생선 요리에 녹차를 곁들이는 경우, 녹차가 입안을 가볍고 깔끔하게 유지해주는 데에 반해, 차가운 화이트 와인을 곁들이면 와인이 혀 돌기 속 지방을 굳게 만들어 생선 맛을 덜 느끼게 만들 수 있다고 한다.

음식과의 조화를 보면 차는 온화하고 관대하며 잘난 체하지 않는다. 자신의 맛을 내세워 압도하지 않으면서 함께하는 음식이 맛을 펼치도록 여지를 준다. 차는 곁들인 음식에게 더없이 향기로운 조력자임이 틀림없다.

Toasts à l'avocat

아보카도 토스트

6인분
준비 시간: 20분
조리 시간: 15분

브리오슈 무슬린(길쭉한 원통형의 브리오슈) 1개
아보카도 2개
코리앤더 1/2단
라임 1개
구워 오일에 절인 파프리카 100g
피멍 데스플레트(또는 매운 파프리카 가루), 소금 1꼬집씩

스크램블드 에그
유기농 달걀 6개
크렘 프레슈(액상) 100ml
엑스트라 핀 버터extra-fin butter 50g(저온 살균한 우유로 만든 유지방 82%의 최고급 버터)
소금 약간

가니시
호박씨 36개
코리앤더(어린 잎) 1줌
천일염 약간

1. 아보카도는 반으로 갈라 씨를 뺀 뒤 과육을 볼에 담아 포크로 으깬다. 파프리카와 코리앤더는 잘게 썬다. 위의 재료를 모두 잘 섞은 뒤 라임즙, 피멍 데스플레트, 소금을 넣고 고루 섞는다.

2. 스크램블드 에그를 만든다. 먼저 볼에 달걀을 깨서 넣고 소금을 더한다. 거품기로 살살 저어 노른자를 깨뜨린 뒤 고루 잘 섞는다. 팬에 버터를 녹인 뒤 달걀물을 넣는다. 쉬지 않고 저어가며 원하는 달걀 상태로 익힌 다음 불을 끄고 크림을 넣어 섞는다.

3. 브리오슈를 1.5cm 두께로 자른다.

•••

이 요리에는 라뒤레의 자뎅 블루 로열Jardin Bleu Royal 티가 잘 어울린다.

4. 오븐을 그릴 메뉴에 맞추고 불을 켠다. 호박씨를 시트 팬 위에 펼치고 5분간 익힌다. 골고루 노릇하게 익도록 중간중간 뒤적인다.

5. 오븐은 여전히 그릴 메뉴로 두고, 브리오슈를 시트 팬 위에 펼쳐 오븐에서 3~4분간 익힌다. 양면이 고루 구워지도록 중간에 뒤집는다.

6. 브리오슈를 꺼내 접시에 올리고 1번 과정의 아보카도 파프리카 페이스트를 넉넉히 바른 뒤 스크램블드 에그를 올린다. 구운 호박씨로 장식하고 천일염과 코리앤더를 뿌린다.

셰프의 팁

버터와 달걀이 듬뿍 들어가 그 풍미가 그대로 드러나는 브리오슈를 만들 때는 가능하면 유기농 달걀을 사용하는 것이 좋다.

차와 음식의 페어링

감각을 집중해 차를 맛볼 줄 안다는 것. 적절한 차와 그에 어울리는 음식을 짝지을 수 있다는 것. 그것은 하나의 기술로, 그 기술과 연결된 직종이 바로 차 소믈리에다.

감각을 사용하라

티 테이스팅을 업으로 삼겠다고 마음먹지 않더라도, 차를 감상하는 기초는 언제든 익힐 수 있다. 티 테이스팅이란 와인에서와 마찬가지로, 차의 향과 맛에 주의를 집중하여 진행하는 감각 훈련이다. 그러한 집중에 경험이 더해질수록 맛에 대한 기록과 후각에 대한 기억이 쌓이면서 자신만의 아로마 레퍼토리를 넓힐 수 있다.

페어링의 두 가지 방식

차와 음식을 페어링하는 방식은 일반적으로 두 가지로 나뉜다. 비슷한 맛을 써서 단순한 조화를 그려내느냐 아니면 대조되는 맛을 찾아 색다른 어우러짐을 찾느냐다.

비슷한 맛의 조화를 예로 들어보자. 얼그레이 티에 첨가된 베르가모트, 즉 감귤류 노트는 레몬이 들어간 디저트와 무척 잘 어울린다. 매그놀리아로 향을 더한 중국 녹차와 홍차 블렌드는 섬세하고 가벼운 맛이다 보니 피낭시에와 잘 어울린다. 랍상 소총Lapsang Souchong이 지닌 훈연한 기운은 연어나 햄, 소시지 같은 돼지고기 훈연 가공품과 맛의 궁합이 좋다.

대조 방식의 예를 보자. 우디한 노트나 볶아서 나오는 고소한 노트는 페이스트리가 지닌 버터가 가득한 단맛을 두드러지게 만든다. 담배와 몰트로 악센트를 준 윈난 차는 겹겹의 버터층을 지닌 브리오슈의 맛을 더 잘 느끼게 돕는다. 재스민 티는 진한 카카오 맛을 누그러뜨려 주며, 시나몬과 카르다몸으로 향기를 입힌 인도 차는 닭고기나 돼지고기 요리와 곁들일 때 더욱 개성을 드러낸다.

Omelette Ladurée

라뒤레 오믈렛

6인분
준비 시간: 30분
조리 시간: 30분

유기농 달걀 18개
크렘 프레슈(액상) 200ml
햄(껍데기 없는 삶은 햄) 120g
에멘탈 치즈 간 것 100g
양송이버섯 250g
토마토 4개
양파 큰 것 1개
타임 1줄기
무염 버터 30g
차이브 10줄기
처빌 2줄기
납작한 잎 파슬리 2줄기
가는 소금 약간

정제 버터
무염 버터 100g

1. 먼저 정제 버터를 만든다. 작은 냄비를 약한 불에 올려 천천히 버터를 녹인다. 버터가 투명해지면 불에서 내린다. 위쪽으로 맑은 액체가 올라오고 바닥 쪽으로는 유단백질이 가라앉게 둔다. 아주 가는 체나 고운 거즈에 걸러 정제 버터를 얻은 뒤 냉장고에 보관한다.

2. 오믈렛 반죽을 준비한다. 볼에 달걀과 크림을 넣고 거품기로 잘 저은 뒤 소금을 넣는다.

3. 오믈렛 속을 준비한다. 양송이버섯은 살살 문질러 재빨리 씻어 밑동을 떼어낸 뒤 버터에 볶는다. 햄은 작은 큐브 모양으로 썬다.

4. 토마토는 껍질을 벗겨 씨 부분을 제거하고 작은 큐브 모양으로 썰어 콩카세를 만든다. 양파는 잘게 썬 뒤 버터를 두른 팬에 수분을 날리며 볶는다. 토마토를 더해 볶다가 타임 한 줄기를 더하고 약하게 간한 뒤, 녹진하게 볶으면서 수분을 날린다. 타임 줄기를 꺼낸 뒤 마저 간한다.

•••

가니시
토마토 1개
처빌 잎 약간
천일염 약간

이 요리에는 라뒤레의 얼그레이Earl Grey 티가 잘 어울린다.

5. 4번 과정의 토마토 콩카세, 3번 과정의 볶은 버섯(가니시를 위해 조금 남겨둔다), 햄을 섞어 오믈렛 속을 만든다. 따뜻하게 둔 다음 허브는 모두 잘게 썬다.

6. 달군 팬에 정제 버터를 얇게 한 번 두른 뒤 2번 과정의 달걀 200ml를 붓는다. 약한 불에서 서서히 2~3분간 익힌다. 반숙, 완숙 등 원하는 질감에 따라 익히는 시간을 조절한다. 달걀 위에 에멘탈 치즈 간 것을 올리고, 5번 과정의 오믈렛 속을 얹고, 잘게 썬 허브를 더한 뒤 달걀을 굴려 오믈렛 모양을 만든다. 팬을 기울여 손잡이 반대편 끝 쪽으로 오믈렛을 미끄러지게 해 모으고, 오믈렛 가장자리를 이불 덮듯 안쪽으로 덮어준 뒤 손목 스냅을 이용해 오믈렛을 조금씩 말아가며 모양을 정리한다.
완성된 오믈렛을 따뜻한 접시에 옮긴다.

7. 정제 버터를 묻힌 조리용 붓으로 오믈렛 윗부분을 바른다. 토마토와 버섯으로 오믈렛을 장식한다. 처빌 잎을 올리고 천일염을 뿌려 따뜻할 때 바로 낸다.

차의 요리 활용법

차를 마신 뒤 우려낸 찻물과 찻잎이 남았다면? 이제는 버리지 말자. 요리에 응용하는 차 재활용 방법을 소개한다.

달콤한 음식에

널리 알려져 있는 대로 차는 달콤한 디저트를 만들 때 적극 활용 가능한 재료다. 얼그레이 티를 베이스로 한 티 젤리는 이미 유명하다. 또 사블레나 튀일, 과일 케이크를 만들 때도 얼그레이 티를 넣으면 그 맛이 한층 매력적으로 변한다. 실론 티는 술에 적신 카스텔라의 일종인 바바 오 럼을 만들 때 넣으면 잘 어울린다. 과일 샐러드를 만들 때 딸기와 라즈베리를 로즈 티에 우렸다가 넣으면 한결 우아한 맛의 샐러드가 완성된다.
일본 말차의 생생한 초록빛에 매료된 유럽에서는 몇 년 전부터 전통적인 베이킹 조리법에 말차를 넣기 시작했다. 말차 케이크, 말차 마들렌, 말차 피낭시에 등을 선보이고 있으며, 말차를 넣은 고운 초록빛 샹티이 크림까지 등장했다.

간이 된 요리에

달콤한 디저트 재료로 차를 쉽게 떠올리는 것에 비해 짭짤한 음식에 차를 이용할 생각은 흔히들 하지 못한다. 차는 간을 하는 요리에서도 섬세한 맛으로 참신한 개성을 그려낸다. 오븐에 연어를 굽거나 종이에 감싸 굽는 파피요트 연어를 만들 때, 훈연 향이 매력적인 랍상 소총 잎을 한 켜 깐 뒤 연어를 올려 익히면 그 맛을 한결 우아하게 살려준다. 닭 가슴살을 구울 때 중국 녹차를 우려 붓으로 살에 발라주면 더 깔끔한 맛을 즐길 수 있다. 말린 채소, 특히 렌틸콩을 익힐 때 향기 진한 차에 삶아내면, 맹물에 삶았을 때와는 전혀 다른 개성 있는 맛을 낸다.

Granola Ladurée

라뒤레 그래놀라

6인분

준비 시간: 30분

조리 시간: 10분

오트밀 130g
쌀 튀밥 40g
비정제 설탕(원당) 60g
코코넛 가루 30g
생아몬드 40g
헤이즐넛 35g
호두 35g
메이플 시럽 70g
다크 초콜릿 40g(달콤함을 더하고 싶다면 밀크 초콜릿으로 대체 가능)
천일염 1g

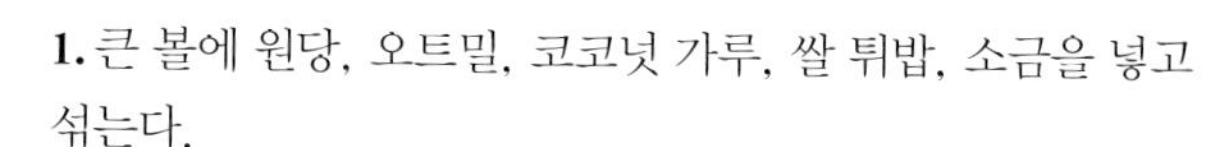

1. 큰 볼에 원당, 오트밀, 코코넛 가루, 쌀 튀밥, 소금을 넣고 섞는다.

2. 오븐을 160℃로 예열한다. 시트 팬에 준비한 견과류를 고루 펼치고 헤이즐넛이 속까지 잘 익어 옅은 황금빛이 돌 때까지 오븐에서 10분간 굽는다. 굵게 다져 1번 과정의 재료와 섞는다.

3. 메이플 시럽을 2번 과정에 부어 오트밀이 부서지지 않게 살살 섞어 그래놀라를 만든다. 그래놀라를 시트 팬에 펼치고 150℃ 오븐에서 말리듯 굽는다. 너무 오래 구워 시럽이 캐러멜화되거나 견과류가 타지 않도록 주의한다.

4. 오븐에서 꺼내 잘 식힌 뒤 취향에 따라 초콜릿을 조각내어 섞는다. 초콜릿 대신 말린 과일을 더해도 좋다.

이 요리에는 라뒤레의 자뎅 블루 로열Jardin Bleu Royal 티가 잘 어울린다.

Brioche

브리오슈

브리오슈 1개
준비 시간: 1시간 30분
휴지 시간: 6~7시간
조리 시간: 30분

밀가루 175g + 작업대에 뿌릴 여분의 밀가루 20g
그래뉴당 25g
생이스트 6g
버터 115g + 틀에 바를 여분의 버터 30g
달걀 3개 + 달걀물용 1개
소금 3g

도구
지름 20cm의 파리지앵 브리오슈 코팅 틀

반죽은 굽기 10시간 전에는 만들어 놓는 것이 좋다.

1. 큰 볼에 밀가루를 붓고 그 위 한쪽으로 설탕과 소금을 몰아 놓고, 반대편에 생이스트를 부숴 놓는다. 반죽을 시작하기 전에 이스트가 설탕이나 소금과 닿지 않도록 주의한다.

2. 작은 볼에 달걀을 깨어 넣고 잘 휘젓는다. 그중 2/3를 1번 과정의 밀가루에 부은 뒤, 남은 1/3을 조금씩 더해가며 나무주걱으로 잘 섞는다. 손으로 치대며 반죽을 시작한다. 볼 안쪽에 반죽이 더 이상 달라붙지 않게 되면 작게 자른 버터를 더한다. 다시 반죽하여 볼에 달라붙지 않는 상태로 만든다.

3. 반죽을 볼에 담고 랩이나 젖은 면포로 덮어 따뜻한 곳에 둔다. 2시간 30분 정도 발효시키면 2배로 부푼다.

부푼 반죽을 이불 접듯 접으면서 공기를 빼서 처음의 부피로 만든다. 다시 냉장고에 2시간 30분 동안 넣어 두고 휴지시킨다. 냉장 휴지 시간 동안 다시 부풀어 오른 반죽을 같은 방법으로 기포를 빼서 부피를 줄이면 브리오슈를 구울 준비가 된 것이다.

4. 작업대에 밀가루를 뿌린 뒤, 반죽을 놓고 150g, 300g 두 덩이로 나눈다. 각 반죽을 손바닥으로 눌러가며 이불 접듯 접은 뒤 둥글게 굴려 단단한 공 모양으로 만든다.

5. 브리오슈 틀에 버터 조각이 보일 정도로 넉넉하게 버터를 바른 뒤 공 모양 반죽 중 큰 것을 넣는다. 반죽 가운데를 손가락으로 눌러 옴폭한 홈을 만든다. 작은 반죽을 원뿔 모양으로 만든 뒤 홈에 꽂듯이 올린다. 그대로 실온에서 1~2시간 더 발효시킨다(습하고 따뜻한 곳이면 발효가 더 잘된다).

6. 오븐을 180℃로 예열한다. 달걀물을 만들어 브리오슈 윗면에 살살 바른다. 가위로 아래쪽 반죽에 2cm 깊이로 동일한 간격의 가윗집 5개를 낸다. 조심해서 오븐에 옮겨 넣고 170℃에서 30분간 굽는다. 오븐에서 꺼내 5분 정도 식힌 뒤 틀에서 꺼낸다.

이 요리에는 라뒤레의 아망드Amande 티나 재스민Jasmin 티가 잘 어울린다.

Flan pâtissier

플랑(커스터드 타르트)

8인분

준비 시간: 1시간 + 기본 레서피
조리 시간: 45분 정도
휴지 시간: 1시간 10분

쇼트크러스트 페이스트리 셸

(p.296 레서피 참조)
작업대에 뿌릴 밀가루 20g
틀에 바를 버터 20g

커스터드

바닐라 빈 2꼬투리
전지 우유 500ml
크렘 프레슈(액상) 325g
달걀 2개 + 달걀노른자 2개분
그래뉴당 210g
옥수수 전분 85g
버터 25g

도구

지름 22.5cm, 높이 3cm의 타르트 틀

쇼트크러스트 페이스트리 셸

1. 쇼트크러스트 페이스트리 반죽을 만든다. 작업대에 밀가루를 뿌리고 반죽을 2mm 두께로 펼친다. 타르트 틀에 버터를 바른 뒤 반죽을 틀에 맞게 깐다. 냉장고에 1시간 넣는다.

커스터드

2. 바닐라 빈을 반으로 가른다. 칼 끝으로 안쪽을 긁어 씨를 얻는다. 냄비에 우유와 크림을 담은 뒤 바닐라 씨와 꼬투리를 함께 넣고 끓인다. 불에서 내려 뚜껑을 닫고 1시간 더 우러나게 둔다. 바닐라 꼬투리를 꺼낸다.

3. 오븐을 170℃로 예열한다. 굽는 동안 셸이 부풀어 올라 변형되지 않도록 포크로 타르트 셸 바닥을 콕콕 찍는다. 유산지를 셸 지름보다 큰 원반 모양으로 잘라 덮어주는데, 모서리 부분을 꼼꼼히 눌러 뜨는 곳이 없게 하고, 틀보다 높이 올라오게 하여 굽는 동안 반죽 모양이 잘 유지되도록 한다. 유산지 위로 마른 콩을 채운다. 타르트 셸을 오븐에 넣어 노릇해질 때까지 20분간 굽는다. 식힌 뒤 콩과 유산지를 빼낸다.

•••

∘∘∘

4. 볼에 달걀과 달걀노른자, 설탕을 넣고 흰색이 돌 때까지 거품기로 잘 젓다가 옥수수 전분을 넣어 섞는다. 바닐라를 우린 우유 냄비를 불에 올려 끓어오르면 뜨거운 상태에서 달걀, 설탕, 옥수수 전분을 섞어 놓은 반죽 위로 1/3만 붓고 거품기로 잘 섞는다. 섞은 것을 다시 바닐라 우린 우유 2/3가 남아 있는 냄비로 옮겨 부은 뒤 불에 올린다. 거품기로 계속 저어가면서 끓이는데, 눌어붙지 않도록 볼 안쪽에 달라붙는 것을 중간중간 긁어내려 가며 끓인다. 완성된 커스터드를 불에서 내려 볼에 옮긴 뒤 10분 정도 한 김 빠지게 둔다.

5. 식히는 동안 오븐을 다시 170℃로 예열한다. 한 김 식혔지만 아직 뜨거운 커스터드에 버터를 넣고 섞어 부드럽고 균질한 질감의 크림을 만든다. 커스터드를 타르트 셸에 붓고 오븐에 넣어 45분간 굽는다.

이 요리에는 라뒤레의 멜랑주 라뒤레Mélange Ladurée 티가 잘 어울린다.

차마다 어울리는 시간이 있다

아침부터 저녁까지, 언제 어느 때든 차를 마실 수 있다.
단지 자신이 무슨 차를 마시고 싶은지 몸의 소리를 귀 기울여 듣고,
차가 지닌 효용에 따라, 차에 함유된 카페인의 양에 따라 적절하게 선택하는 것이 필요하다.

아침과 점심의 차

아침에 일어나 정신을 차리고 힘찬 하루를 시작하기 위해서는 아무래도 진한 홍차를 마시는 게 좋겠다. 다르질링, 잉글리시 브렉퍼스트, 실론 티는 카페인 함유량이 많아 마시면 정신이 나고 기운을 북돋운다. 점심 식사 때에는 음식에 다양한 티를 곁들일 수 있는데, 훈연 향이 좋은 랍상 소총, 풀 향기와 요오드 향이 도는 일본의 녹차, 중국 재스민 티가 어울린다.

오후와 저녁의 차

오후 간식 시간에는 상큼한 차가 필요하다. 꽃향기를 더한 중국 티와 실론 티의 블렌드도 좋고, 생강이나 장미나 오렌지꽃으로 향기를 더한 중국 녹차도 어울릴 뿐 아니라 감귤류 과일을 더한 중국 홍차, 클래식한 얼그레이 티도 좋겠다.
저녁나절에는 아무래도 카페인이 적은 차를 추천하는데, 길고 아름다운 찻잎의 중국 홍차인 윈난 차, 소화에 도움을 주는 보이차, 청차인 우롱차 등이 좋겠다. 차만 마셔도 좋고 가벼운 식사에 차를 곁들여도 좋다.

LADURÉE

UN THÉ
royal

...

로열 티

로열 티

세계 여러 나라의 귀족 계층은 차가 어우러진 자신들만의 삶의 방식을 발전시켰다.
고급스러운 자기 제조술, 뛰어난 금은 세공술,
화려하게 장식된 티 살롱, 세련된 사교계 취미 등이 그 예다.

신비로운 영약이라는 찬사

유럽에 차가 전해지던 17세기 무렵, 차는 왕실에 초콜릿이나 커피처럼 귀한 고급 식품으로 소개되었다. 초기만 해도 단지 약효에 치중한 사용이 대부분이었으나, 17세기 말 상류층들이 차를 '동양의 신비'로 여겨 동경하고 즐기면서 차에 대한 찬사가 쏟아진다. 티에리 종케 박사는 차를 '신이 주신 허브'라고 칭찬했으며, 필립 실베스트르 뒤푸르는 1657년 커피와 차와 초콜릿에 대한 논문을 통해 차를 사용하여 22명의 환자를 고친 사례를 발표했다. 1687년 왕실 의사 니콜라 드 블레니는 《차와 커피, 초콜릿의 올바른 사용》이라는 프랑스 최초의 차 설명서를 썼는데, "약으로 사용하는 차는 펄펄 끓는 정도로 뜨겁게 마셔야 하며, 뜨거운 기운이 식기 전에 다 마시는 것이 좋다. 그리고 차에 설탕이나 호박amber이나 카르다몸을 더하면 심장 기능을 활성화하고 소화를 촉진한다"고 소개했다.

차 테라피

루이 14세 통치 하의 17세기 프랑스는 '문예의 황금기'라 불렸다. 이 시기에 요리책과 미식에 관한 책들이 처음으로 프랑스에 등장하기 시작한다. 1692년 오디제가 귀족 저택 유지 방법을 기록한 《규율 속의 집》을 예로 들 수 있다. 어린 시절부터 왕실 관료 집에서 훈련을 받고 자란 오디제는 유럽 전역을 여행하며 과일과 곡류의 증류법을 배우고, 초콜릿과 차와 커피를 익힌 다음 잼 · 술 · 크림 ·

LADURÉE
Thé Joséphine
ADURÉE
Roi Soleil
Thé Eugénie

시럽의 제조법을 배운 뒤 그 모든 지식을 정리하여 책으로 펴낸다. 그의 책에는 차가 주는 소화 효능, 심신 안정 효능에 대해 기록되어 있다.
이때 약으로 언급된 차의 효능은 정확하지 않은 것도 많고 가끔은 기상천외하기까지 했다. 차를 담배처럼 말아 피우라고 권한다든지, 차가 순결을 유지하게 도와준다든지, 개신교 목사나 가톨릭 사제들을 위해 필요한 음료라는 둥 당시의 책 중에는 오류나 과장 논리가 등장하기도 했지만, 이 시절을 거쳐 18세기 들어서 마침내 차는 그 무엇을 위한 음료가 아닌, 차 자체를 위해 마시는 음료로 자리 잡는다.

유행의 첨단이 되다

프랑스에서 차는 상류층 사교 생활에 없어서는 안 될 필수품으로 자리매김했다. 영국과는 달리, 차가 커피만큼 유행되지 않았음에도 여전히 비싸고 귀하다 보니 차는 영국풍을 추구하는 살롱이나 영국과 연계가 있는 보르도나 파리의 일부 계층에서만 소비되었다. 그런 영국풍 살롱에 가면 사람들은 다양한 페이스트리와 프티 푸르를 갖춘 뷔페를 차려 놓고 '영국식'으로 차를 따라 마셨다. 즉, 하인의 도움 없이 손님들 각자가 자신의 차를 따라 마셨다. 그러기 위해서는 이제까지와는 다른 차 관련 용품들이 필요했다. 이때 '다기'라는 명칭도 등장했으며 솜씨 좋은 장인들이 만든 다기는 상류층에서 수집용, 선물용으로 유행처럼 번져 나갔다.
루브르 박물관에 가면 루이 15세가 1729년, 아들 도팽이 태어난 것을 기념해 아내 마리 레슈친스카에게 선물한 차 도구 세트, 초콜릿과 커피 도구 세트를 볼 수 있다.

귀하고 멋진 필수품

다기는 초기에 모두 중국에서 수입해 사용했으나, 유럽의 제조업체들이 도자기 제조 비법을 알아내면서 점차 유럽만의 다기를 만들어낸다. 유럽 최초의 다기는 동양을 모방하는 수준이었지만, 곧 그 한계를 벗어나 자신들의 스타일을 개발해냈다. 기술 개혁을 통해 표현 가능한 색조의 범위가 넓어졌으며, 세련되고 섬세한 문양도 개발되었다.

1738년 루이 15세의 총애를 받은 마담 퐁파두르가 세운 프랑스의 대표적 자기 회사 세브르Sèvre는 왕실 자기 제조업체라는 한계를 뛰어넘어 세계적으로 사랑받고 또 그만큼 많이 모방되는 자기 제조업체로 자리 잡는다. 당시의 은세공업체들 역시 같은 발전 과정을 거쳐 섬세한 문양을 음양각으로 새긴 뛰어난 은제 차 도구를 선보였다.

외제니 황후의 티 룸

프랑스에서 19세기 후반 들어 차는 더욱 널리 퍼지게 된다. 티 살롱이 문을 열고, 카페에서도 차를 내려마시기 시작했으며, 도시에서 부를 이룬 부르주아 계층도 차를 즐기기 시작한다. 카페와 티 살롱 그리고 차를 즐기는 중산층의 존재가 차의 대중적 인기를 대변한다면, 19세기 후반 프랑스 궁정의 차 문화에서는 황후인 외제니의 존재를 빼놓을 수 없다. 파리를 문화와 유행의 메카로 이끌기도 했지만, 결국엔 호화와 사치로 몰락을 길을 걷게 되는 제2 제정 시대에 황후 외제니는 자신의 거처인 콩피에뉴 성에 티 리셉션을 개최하여 명성을 드높인다.

티 리셉션 공간은 당시 유행에 따라 실크 옷을 입힌 모던한 가구를 두어 중국풍에 18세기 분위기를 살렸다. 매일 오후면 황후는 이곳에 10여 명의 손님을 초대하여 차를 마셨다. 가을 사냥철마다 진행되던 수련 코스 '콩피에뉴 시리즈'에 참가한 1백여 명의 사교계 인사들에게는 황후가 내리는 차가 귀한 호의와 은혜로 통했다고 한다.

Tartelettes salées

세이버리 미니 타르트

종류별 30개씩
준비 시간: 30분
조리 시간: 8분

건조 시간: 10분

크렘 프레슈(액상) 75g
달걀 1개
크림치즈 180g
보포르 치즈 90g
피멍 데스플레트(또는 매운 파프리카 가루) 1꼬집
가는 소금 1꼬집

쇼트크러스트 페이스트리 미니 타르트 셸
(p.296 레서피 참조)

도구
지름 10mm 깍지를 낀 짜주머니

보포르 치즈 미니 타르트

1. 쇼트크러스트 페이스트리 미니 타르트 셸을 만든다.

2. 보포르 치즈 파우더를 만든다. 우선 오븐을 170℃로 예열한다. 시트 팬 위에 유산지를 깔고 보포르 치즈를 깔아 오븐에서 10분간 말리듯 굽는다. 꺼내어 식힌 뒤 블렌더에 갈아 고운 가루로 만든다.

3. 짭짤한 세이버리 크림을 만든다. 우선 오븐을 180℃로 예열한다. 크림과 달걀을 섞은 뒤 소금과 피멍 데스플레트로 간한다. 타르트 셸에 채워 오븐에서 8분간 굽는다. 굽는 동안 크림이 너무 가라앉았다면 좀 더 채워 오븐에 다시 구운 뒤 식힌다.

4. 짜주머니를 이용해 크림치즈를 돔 모양으로 짠다. 그 위로 보포르 치즈 가루를 고르게 뿌려 완성한다.

크렘 프레슈(액상) 75g
달걀 1개
크림치즈 150g
훈제 연어 슬라이스 150g
라임 1개
피멍 데스플레트(또는 매운 파프리카 가루) 약간
가는 소금 1꼬집

쇼트크러스트 페이스트리 미니 타르트 셸
(p.296 레서피 참조)

도구
지름 3.5cm의 커터
지름 10mm 깍지를 낀 짜주머니

연어 미니 타르트

1. 쇼트크러스트 페이스트리 미니 타르트 셸을 만든다.

2. 라임은 1/4만 즙을 내어 크림치즈와 잘 섞는다.

3. 짭짤한 세이버리 크림을 만든다. 우선 오븐을 180℃로 예열한다. 크림과 달걀을 섞은 뒤 소금과 피멍 데스플레트로 간한다. 타르트 셸에 채운 뒤 오븐에서 8분간 굽는다. 굽는 동안 크림이 너무 가라앉았다면 좀 더 채워 오븐에 다시 구운 뒤 식힌다.

4. 커터를 이용해 타르트 크기에 맞춰 훈제 연어를 원반 모양으로 30개 자른다. 각각의 연어 조각을 타르트 위에 얹는다.

5. 짜주머니를 이용해 연어 위로 크림치즈를 돔 모양으로 예쁘게 짜 올린다. 그 위로 라임 제스트와 피멍 데스플레트를 뿌려 완성한다.

굽는 시간: 7분

크렘 프레슈(액상) 75g
달걀 1개
크림치즈 180g
호박씨 수북한 1작은술
황금색 아마씨 수북한 1작은술
갈색 아마씨 수북한 1작은술
해바라기씨 수북한 1작은술
피멍 데스플레트(또는 매운 파프리카 가루) 1꼬집
가는 소금 1꼬집

쇼트크러스트 페이스트리 미니 타르트 셸
(p.296 레서피 참조)

도구
지름 10mm 깍지를 낀 짜주머니

구운 씨앗 미니 타르트

1. 쇼트크러스트 페이스트리 미니 타르트 셸을 만든다.

2. 오븐을 160℃로 예열해 각각의 씨앗을 6~7분간 굽거나 기름을 두르지 않은 팬에 굽는다.

3. 짭짤한 세이버리 크림을 만든다. 우선 오븐을 180℃로 예열한다. 크림과 달걀을 섞은 뒤 소금과 피멍 데스플레트로 간한다. 타르트 셸에 채운 뒤 오븐에서 8분간 굽는다. 굽는 동안 크림이 너무 가라앉았다면 좀 더 채워 오븐에 다시 구운 뒤 식힌다.

4. 짜주머니를 이용해 각 타르트 위로 크림치즈를 돔 모양으로 짠 뒤, 구운 씨앗을 심어 장식한다.

크렘 프레슈(액상) 75g
달걀 1개
핑크 타라마tarama 225g(어란으로 만든 그리스식 딥 소스)
팬지꽃 25g
피멍 데스플레트(또는 매운 파프리카 가루) 1꼬집
가는 소금 1꼬집

쇼트크러스트 페이스트리 미니 타르트 셸
(p.296 레서피 참조)

도구
지름 10mm 깍지를 낀 짜주머니

타라마 미니 타르트

1. 쇼트크러스트 페이스트리 미니 타르트 셸을 만든다.

2. 짭짤한 세이버리 크림을 만든다. 우선 오븐을 180℃로 예열한다. 크림과 달걀을 섞은 뒤 소금과 피멍 데스플레트로 간한다. 타르트 셸에 채운 뒤 오븐에서 8분간 굽는다. 크림이 너무 가라앉았다면 더 채워 오븐에 다시 구운 뒤 식힌다.

3. 짜주머니를 이용해 각 타르트 위로 타라마 소스를 돔 모양으로 짠 뒤, 팬지꽃으로 장식한다.

건조 시간: 1시간
냉장 시간: 30분

크렘 프레슈(액상) 75g
달걀 1개
크렘 프레슈 에페스(유지방 40%의 빽빽한 크렘 프레슈) 150g
파스트라미 30g + 90g
판 젤라틴 1장
피멍 데스플레트(또는 매운 파프리카 가루) 1꼬집
가는 소금 약간

쇼트크러스트 페이스트리 미니 타르트 셸
(p.296 레서피 참조)

도구
체
지름 10mm 깍지를 낀 짜주머니

파스트라미 미니 타르트

1. 쇼트크러스트 페이스트리 미니 타르트 셸을 만든다.

2. 파스트라미 가루를 만든다. 우선 오븐을 120℃로 예열한다. 시트 팬 위에 유산지를 깔고 파스트라미 30g을 펼쳐 오븐에서 1시간 정도 말린다. 수분이 빠지고 바삭해진 파스트라미를 블렌더에 갈아 고운 가루로 만든다.

3. 파스트라미 크림을 만든다. 우선 냄비에 크렘 프레슈 에페스를 데운 뒤 남은 파스트라미를 크게 썰어 넣고 20분간 둔다. 판 젤라틴은 찬물에 녹인다. 크림을 체에 거른 뒤 물기를 짠 판 젤라틴을 넣어 잘 섞는다. 필요하면 소금으로 간한다. 짜주머니로 옮긴 뒤 냉장고에 30분간 넣는다.

4. 세이버리 크림을 만든다. 우선 오븐을 180℃로 예열한다. 크렘 프레슈(액상)와 달걀을 섞은 뒤 소금과 피멍 데스플레트로 간한다. 타르트 셸에 채운 뒤 오븐에서 8분간 굽는다. 굽는 동안 크림이 너무 가라앉았다면 더 채워 오븐에 다시 구워 식힌다.

5. 짜주머니를 이용해 각 타르트 위로 파스트라미 크림을 돔 모양으로 짠 뒤, 파스트라미 가루를 고루 뿌려 완성한다.

크렘 프레슈(액상) 75g
달걀 1개
크림치즈 180g
차이브 9g
피멍 데스플레트(또는 매운 파프리카 가루)
1꼬집
가는 소금 1꼬집

쇼트크러스트 페이스트리 미니 타르트 셸
(p.296 레서피 참조)

도구
지름 10mm 깍지를 낀 짜주머니

이 요리에는 라뒤레의 다르질링Darjeeling 티와 실란Ceylan 티가 잘 어울린다.

차이브 미니 타르트

1. 쇼트크러스트 페이스트리 미니 타르트 셸을 만든다.

2. 차이브는 씻어 잘게 썬다.

3. 세이버리 크림을 만든다. 우선 오븐을 180℃로 예열한다. 크림과 달걀을 섞은 뒤 소금과 피멍 데스플레트로 간한다. 타르트 셸을 채운 뒤 오븐에서 8분간 굽는다. 크림이 너무 가라앉았다면 좀 더 채워 오븐에 다시 구워 식힌다.

4. 짜주머니를 이용해 각 타르트 위로 크림치즈를 돔 모양으로 짠 뒤, 차이브를 고루 뿌려 완성한다.

Petits fours salés

세이버리 프티 푸르

종류별 30개씩
준비 시간: 25~35분
조리 시간: 10분

리예트 준비 시간: 15분

오이 큰 것 1개
연어알 30g
미니 소렐 1줌
피멍 데스플레트(또는 매운 파프리카 가루) 약간
가는 소금 약간

연어 리예트
생연어살 100g
훈제 연어 슬라이스 50g
크림치즈 20g
차이브 5줄기
레몬즙 1/2개분
크렘 프레슈(액상) 30g
엑스트라 버진 올리브 오일 1방울
피멍 데스플레트, 천일염 1꼬집씩

도구
과일용 미니 스쿱

연어 리예트를 올린 오이 프티 푸르

1. 연어 리예트를 만든다(p.58 레서피 참조).

2. 오이는 길이 2cm로 잘라 미니 스쿱으로 속을 동그랗게 파낸다.

3. 속을 파낸 오이를 끓는 소금물에 재빨리 데친 뒤 얼음물에 담가 식혀 물기를 뺀다.

4. 티스푼으로 오이에 연어 리예트를 채운다. 봉긋하게 솟아오르게 넉넉히 채운다.

5. 미니 소렐을 올린 뒤 피멍 데스플레트와 연어알로 장식한다.

•••

염소 치즈를 올린 당근 프티 푸르

잎 달린 당근 8개
신선한 염소 치즈 200g
레바논 자타르Zaatar(중동에서 쓰는 혼합 향신료로 각종 마른 허브에 깨와 향신료를 섞은 것) 4꼬집
올리브 오일 40ml
피멍 데스플레트 약간
천일염 약간
가는 소금 약간

도구

지름 3cm의 커터
과일용 미니 스쿱
지름 8mm의 깍지를 낀 짜주머니

1. 당근은 색이 고운 것으로 골라 껍질을 벗겨 씻고 잎은 장식용으로 남겨 둔다. 당근은 길이 2cm로 자른 뒤 커터로 깔끔한 모양의 원반 모양으로 자른 다음 미니 스쿱으로 속을 파낸다.

2. 속을 파낸 당근을 끓는 소금물에 익힌 뒤 얼음물에 담가 식힌 뒤 물기를 뺀다.

3. 염소 치즈와 향신료, 올리브 오일, 천일염, 피멍 데스플레트를 섞는다. 짜주머니에 옮겨 당근 위에 돔 모양으로 봉긋하게 솟아오르게 채운다. 피멍 데스플레트와 당근 잎을 올려 장식한다.

셰프의 팁

염소 치즈는 신선한 것을 사용하는 게 중요하다. 수분이 너무 많아 축축하지 않도록 필요에 따라 깨끗한 거즈 위에 올려 하룻밤 물기를 뺀다.

양송이버섯 540g
크레미니버섯(갈색 양송이버섯) 30g
납작한 잎 파슬리 6줄기
반염 버터 30g
크렘 프레슈(액상) 200ml
피멍 데스플레트(또는 매운 파프리카 가루) 1꼬집
천일염 약간
가는 소금 약간

속을 채운 크레미니 프티 푸르

1. 버섯 뒥셀을 만든다. 우선 양송이버섯을 씻어 껍질을 벗긴 뒤 작은 큐브 모양으로 썬다. 냄비를 불에 올려 버터를 녹인 뒤 버섯을 넣어 수분을 날리며 볶는다.
버섯이 다 익으면 크림을 넣은 뒤 잘 졸인 뒤에 잘게 썬 파슬리를 더한다. 가는 소금과 피멍 데스플레트로 간한다.

2. 크레미니버섯은 깨끗이 씻어 기둥을 제거한다. 가는 소금을 넣은 끓는 물에 버섯 갓 부분만 살짝 데친 뒤 얼음물에 넣어 식힌다. 버섯 모양이 유지되고 단단한 식감이 남아 있게 살짝만 익힌다.

3. 버섯 갓의 안쪽이 보이게 뒤집은 후 1번 과정의 뒥셀을 채운다. 돔 모양으로 봉긋하고 넉넉하게 채운다. 천일염과 피멍 데스플레트로 간한 뒤 파슬리를 뿌려 완성한다.

셰프의 팁

양송이버섯은 단단한 것으로 골라야 한다.
기둥의 빛깔이 너무 어둡지 않으면서
깔끔하게 마른 느낌이 드는 것을 고른다.
머리 부분도 단단하고 상처가 없으며
색이 균일한 것이 좋다.

감자 큰 것 10개
캐비아 30g
크렘 프레슈 에페스(유지방 40%의 빽빽한 크렘 프레슈) 100g
차이브 15줄기
크기가 작은 슈퍼파인 케이퍼surfine capers(톡 쏘는 맛과 식감을 위해 어린 꽃봉오리를 수확해 만드는 고품질의 케이퍼) 10g
식빵 10쪽
정제 버터 20g(p.88 레서피 참조)
보리지꽃 30송이

도구

지름 1.5cm와 3cm의 커터
과일용 미니 스쿱
지름 8mm의 깍지를 낀 짜주머니

셰프의 팁

감자가 잘 익었는지 확인하려면
날카로운 칼 끝으로 찔러 보면 된다.
칼날이 쉽게 들어갔다가 나오면
잘 익은 것이다.

캐비아를 올린 감자 프티 푸르

1. 감자는 껍질을 벗겨 길이 2m로 자른다. 커터를 이용해 각각 지름 3cm의 원반 모양으로 자른다. 미니 스쿱으로 속을 파낸다.

2. 속을 파낸 감자를 찐다. 칼로 찔러 익은 정도를 확인하며 부드럽게 익힌다.

3. 차이브는 잘게 썰고, 캐비아도 잘게 다진다. 크렘 프레슈 에페스를 부어 잘 섞은 뒤 짜주머니에 옮긴다.

4. 크루통을 만든다. 먼저 식빵은 1.5cm 커터로 원반 모양으로 자른다. 시트 팬 위에 식빵을 올리고 윗면에 정제 버터를 바른 뒤 다른 시트 팬으로 위쪽을 눌러 170℃로 예열한 오븐에 넣어 10~15분간 굽는다.

5. 짜주머니로 크림을 짜서 감자 속을 봉긋하게 채운다. 그 위를 4번 과정의 크루통으로 덮고 캐비아와 보리지꽃을 올려 장식한다.

붉은 참치를 올린 무 프티 푸르

냉장 시간: 20분

무 5개
붉은 참치살 150g
유기농 올리브 오일 100ml
코리앤더 10줄기
팬지꽃 10송이
피멍 데스플레트(또는 매운 파프리카 가루) 약간
천일염, 가는 소금 약간씩

호스래디시 크림

크렘 프레슈 에페스(유지방 40%의 빽빽한 크렘 프레슈) 250g
호스래디시 간 것 1g
판 젤라틴 1장
천일염 1꼬집

도구

지름 3cm의 커터
과일용 미니 스쿱

이 요리에는 라뒤레의 윈난Yunnan 티가 잘 어울린다.

1. 고추냉이 크림을 만든다. 우선 판 젤라틴은 찬물에 담근다. 냄비에 크렘 프레슈 에페스와 호스래디시 간 것을 넣어 섞은 뒤 미지근하게 데운다. 거기에 물기를 짠 판 젤라틴을 섞어 잘 녹인다. 천일염으로 간을 맞춘다.

2. 1번 과정의 크림이 아직 따뜻할 때 시트 팬에 부어 냉장고에 20분 정도 넣는다. 차가워지면 3mm 크기의 작은 큐브 모양으로 썬다.

3. 무는 껍질을 벗겨 길이 2cm로 자른 뒤, 커터를 이용해 지름 3cm의 원반 모양으로 자른다. 미니 스쿱으로 무의 속을 파낸다.

4. 속을 파낸 무를 데친다. 가는 소금을 넣은 끓는 물에 5초 정도 재빨리 넣었다 빼서 얼음물에 식힌다.

5. 참치는 타르타르를 만들 때처럼 작은 큐브 모양으로 썬다. 올리브 오일, 천일염, 피멍 데스플레트, 고추냉이 크림, 잘게 썬 코리앤더를 넣어 잘 섞는다.

6. 크림을 짜주머니에 옮겨 무 속을 채운다. 돔 모양으로 봉긋하게 짠다. 간을 맞춘 뒤 팬지꽃으로 장식한다.

Cannelés bordelais

보르도 카늘레

20개
준비 시간: 30분
조리 시간: 1시간
휴지 시간: 24시간
우리는 시간: 1시간

바닐라 빈 1꼬투리
전지 우유 50ml
버터 50g + 틀에 바를 여분의 버터 40g
달걀 2개 + 달걀노른자 2개분
슈거 파우더 240g
숙성시킨 다크 럼 1 1/2큰술
케이크용 밀가루 110g + 틀에 뿌릴 여분의 밀가루 20g

도구
지름 5.5cm의 카늘레 틀 20개

카늘레 반죽은 하루 전에 만들어 두자.

1. 잘 드는 칼로 바닐라 빈을 길게 가른 뒤 칼 끝으로 빈 안쪽을 긁어 바닐라 씨를 얻는다. 냄비에 우유를 붓고 바닐라 빈 꼬투리와 바닐라 씨를 넣어 약한 불에 끓인다. 불에서 내려 뚜껑을 덮고 1시간 정도 더 우러나게 두었다가 바닐라 빈 꼬투리를 건져내고 마저 식힌다. 버터를 녹인 뒤 식힌다. 슈거 파우더와 밀가루를 각각 체에 내려 작은 볼에 담는다.
큰 볼에 달걀과 달걀노른자, 체에 내린 슈거 파우더를 넣어 거품기로 잘 저어 섞는다. 계속 저으면서 다음의 재료를 순서대로 하나씩 더한다. 럼, 녹인 버터, 체에 내린 밀가루, 바닐라를 우린 우유 순으로 넣어가며 섞어 반죽을 만든 뒤, 냉장고에 최소 12시간 정도 넣는다.

2. 카늘레 틀에 녹인 버터를 바른 뒤 버터가 굳도록 냉장고에 15분 정도 넣는다. 틀을 꺼내어 밀가루를 살짝 뿌린 뒤 뒤집어 툭툭 쳐서 여분의 밀가루를 털어 낸다. 바로 구울 게 아니라면, 틀은 오븐 예열이 다 되고 굽기 직전까지 냉장고에 두었다가 마지막 순간에 꺼내 사용하자.

이 요리에는 라뒤레의 마리 앙투아네트 Marie-Antoinette 티가 잘 어울린다.

3. 우선 오븐을 180℃로 예열한다. 차게 두었던 틀을 꺼내어 틀 높이에 0.5cm 못 미치게 반죽을 붓는다. 오븐에 넣어 1시간 동안 굽는다. 굽는 동안 카눌레가 부풀어 오를 수 있는데 이럴 때는 칼 끝으로 카눌레 가운데를 살짝 찔러주면 된다. 카눌레의 색이 아주 짙은 밤색이 되도록 익히는데, "카눌레가 까맣게 되면 다 익은 것"이라는 말이 있다. 곧바로 오븐에서 꺼내 틀에서 뺀 뒤 랙에 올려 식힌다. 카눌레는 실온으로 먹어야 맛있다.

셰프의 팁

카눌레는 오래 두고 먹는 과자가 아니다. 시간이 지나면 눅눅해져 특유의 식감이 사라지므로 구운 날 바로 먹는 게 좋다. 대신 반죽은 미리 만들어 둘 수 있다. 냉장고에 반죽을 2~3일간 보관하는 것은 문제없으며, 필요한 만큼만 꺼내어 한 번 고루 잘 섞어준 뒤 사용하면 된다. 카눌레를 만들 때는 어떤 틀을 쓰느냐가 중요하다. 최고의 맛을 내고 싶다면 실리콘 틀은 피하고 구리 틀을 사용하기를 권한다.

차에 어울리는 매너

19세기 프랑스 라이프스타일의 전도사로 알려진 스태프 남작부인(이는 필명으로, 본명은 블랑슈 소이예). 그는 당시 상류사회의 올바른 예의범절을 담아낸 《세상의 예법: 현대사회의 매너》라는 책을 통해 차에 대한 기본적이고도 엄격한 매너를 널리 알렸다.

적절한 타이밍

"어린 잎으로 만든 녹차는 샤토 라피트에 비유할 수 있는데, 이는 귀족 집안에서만 마시는 차로…(중략)… 차와 함께 나온 과자는 차에 적셔 먹지 않는다. 또한 과자 부스러기를 흘려 차를 수프처럼 만드는 일도 피한다. 차를 다 마시고 나면 숟가락을 찻잔 받침 위에 내려 놓아야지 찻잔 안에 꽂아 두면 안 된다. 이렇게 조심하면 사고를 미리 막을 수 있다."

스태프 남작부인에 따르면, 차가 뜨겁다고 후후 불지 않으며, 식히겠다고 찬물을 타지 않는다. 찻잔을 들 때는 찻잔 받침과 함께 들어 올린다. 차 모임에 초대받았다면 늦지 않게 시간을 정확히 맞춰 가고 너무 오래 머물지 않아야 한다.

호스트의 매너

미리 준비된 차와 도구들을 응접실에 차린다. 찻잔은 겹쳐 쌓지 않고 각각의 찻잔 받침 위에 하나씩 얹어 놓는다. 설탕과 설탕 집게, 찻숟가락, 우유를 담은 작은 주전자, 레몬 조각을 올린 작은 접시도 함께 준비한다. 오늘의 호스트인 집주인은 손님들이 어떤 차를 좋아하고 어떤 방식으로 즐겨 마시는지 미리 물어 파악해놓는다. 호스트는 왼손으로 찻잔 받침을 잡고, 오른손으로 찻주전자를 기울여 찻잔에 차를 따른다. 손님들에게 레몬보다 설탕을 먼저 권해야 하는데, 레몬을 먼저 넣은 뒤 설탕을 넣으면 설탕이 잘 녹지 않기 때문이다. 동그랗게 자른 레몬 조각은 찻잔 안에 그대로 넣으면 된다. 찻잔에 레몬즙을 짜는 일은 삼가자. 손님 모두의 찻잔에 차가 담겨 있다면, 과자와 케이크를 낼 때다. 손님 각자가 자신의 디저트용 개인 접시와 케이크용 포크, 칵테일용 작은 냅킨을 사용할 수 있도록 챙기자.

Fraisier

프레지에

8인분
준비 시간: 2시간 30분
조리 시간: 30분
냉장 시간: 2시간

아몬드 제누아즈(제누아즈란 케이크의 기본 시트로 활용되는 케이크를 말한다)
버터 50g + 팬에 바를 여분의 버터 20g
박력분 200g+ 팬에 뿌릴 여분의 밀가루 20g
달걀 6개
그래뉴당 200g
아몬드 가루 50g

바닐라 시럽
설탕 100g
물 100ml
바닐라 빈 1/2꼬투리

바닐라 무슬린 크림(커스터드와 버터를 섞어 만든 크림)
버터 90g
전지 우유 180ml
달걀노른자 2개분
그래뉴당 50g
옥수수 전분 15g
바닐라 빈 1꼬투리

아몬드 제누아즈와 바닐라 시럽

1. 여분의 버터를 녹여 조리용 붓으로 케이크 팬에 바른다. 바른 버터가 굳도록 냉장고에 15분간 넣는다.
밀가루는 체에 내린다. 작은 냄비에 버터 50g을 넣고 약한 불에 녹인다.

2. 중탕 가열할 준비를 하고 물을 끓인다. 오븐을 170℃로 예열한다. 반구 모양의 볼에 달걀과 설탕을 섞은 뒤 중탕으로 녹이면서 계속 거품기로 젓는다. 내용물이 미지근해지고(약 50℃) 되직해지면서 색이 연해지고 부피가 3배로 부풀어 오를 때까지 계속 젓는다. 이 과정은 손으로 거품기를 젓는다면 15분 정도, 핸드 믹서에 거품용 휘퍼를 끼워 사용하면 10분 정도 소요될 것이다. 불에서 내린 뒤 완전히 식을 때까지 계속 젓는다.

딸기 700g

핑크 아몬드 페이스트

아몬드 페이스트 250g
식용색소 붉은색 약간

도구

지름 21~22cm의 제누아즈 팬(옆면이 직선으로 떨어지는 원형 케이크 팬)
지름 20cm의 링 모양 틀
지름 10mm 깍지를 끼운 짜주머니
조리용 온도계

3. 1번 과정에서 체에 내린 밀가루를 고무 스패출러로 조금씩 넣어가며 섞는다. 아몬드 가루와 녹인 버터도 더한다. 한 손으로 볼을 한쪽 방향으로 조금씩 돌리면서, 다른 한 손으로는 스패출러가 볼 중앙 바닥으로 파고들어 반대 면을 타고 올라오면서 끌어올린 내용물을 가운데로 덮어주는 식으로 고르게 섞는다. 이렇게 하면 반죽에 균질하고 매끄러운 질감을 얻을 수 있다.
케이크 팬에 밀가루를 조금 뿌린 뒤 뒤집어 여분의 밀가루는 털어낸다. 곧바로 팬에 반죽을 채워 오븐에 30분간 굽는다.

4. 제누아즈를 굽는 동안 바닐라 시럽을 만든다. 냄비에 물과 설탕을 넣어 끓인 뒤 긁어낸 바닐라 씨를 넣은 다음 그대로 식힌다.
제누아즈 케이크가 익었는지 확인한다. 칼 끝으로 찔러서 반죽이 묻지 않고 칼 끝이 깨끗하게 빠져나오면 케이크가 익은 것이다.
오븐에서 꺼내 5분 정도 식힌 뒤에 틀에서 빼내고 랙에 올려 식힌다.

바닐라 무슬린 크림

5. 버터는 실온에 꺼내 둔다.
날카로운 칼로 바닐라 빈을 길게 가른 뒤 칼 끝으로 빈 안쪽을 긁어내 바닐라 씨를 얻는다.
냄비에 우유를 붓고 바닐라 씨와 바닐라 빈 꼬투리를 넣어 넘치지 않도록 뭉근히 끓인다.

6. 큰 볼에 달걀노른자와 설탕을 넣고 색이 옅어질 때까지 거품기로 잘 젓는다. 옥수수 전분을 더하고, 바닐라 우린 우유를 1/3만 부어 섞어 거품기로 잘 섞는다. 이번에는 섞은 반죽을 바닐라 우유가 남아 있는 냄비에 붓는다. 냄비를 다시 불에 올려 거품기로 계속 저어가며 끓인다. 눌어붙지 않도록 냄비 안쪽에 달라붙는 것을 고무 스패출러로 잘 긁어가며 끓인다.

7. 불에서 내려 10분 정도 식힌다. 한 김 빠지고 여전히 뜨거울 때 준비한 버터의 반을 넣어 섞은 뒤 18~20℃ 정도로 식힌다. 필요하면 10분 정도 냉장고에 넣어 차게 식혀도 좋다.
그동안 딸기를 씻어 물기를 빼고 꼭지를 뗀다.
식혀 둔 크림을 큰 볼에 담고 핸드 믹서에 거품용 휘퍼를 끼워 매끈한 느낌이 들 때까지 돌린다. 남겨 둔 버터 절반을 마저 더한 뒤 다시 휘핑하여 부드럽고 매끈한 크림 상태로 만든다.

합체

8. 구운 제누아즈에서 색깔이 짙게 난 부분은 톱니 칼을 이용해 도려낸다. 두께 1cm 정도의 원반 모양이 되도록 제누아즈를 가로로 반 가른다. 링 모양 틀 크기에 맞춰 케이크 가장자리를 잘라내는데, 틀을 제누아즈 위에 올린 뒤 찍어 눌러 크기를 맞춰도 된다.

•••

이 요리에는 라뒤레의 조세핀Josephine 티가 잘 어울린다.

9. 접시 위에 링 모양 틀을 올리고 반 가른 제누아즈 중 한 판을 틀 안에 넣는다. 윗면을 바닐라 시럽으로 가볍게 적신다. 기본 깍지를 끼운 짜주머니에 바닐라 무슬린 크림을 옮겨 담은 뒤, 시럽 적신 제누아즈 윗면에 나선형으로 돌아가며 크림을 한 켜 짠다. 딸기는 반을 갈라 절단면이 틀과 맞닿도록(틀을 빼면 딸기 단면이 바로 보이게) 틀 안쪽 벽을 따라 줄지어 세운다.
그 안쪽은 자르지 않은 딸기로 채우는데, 딸기를 하나하나 살살 눌러가며 바닐라 무슬린 크림 위로 딸기를 세우듯 얹는다. 그 위를 다시 바닐라 무슬린 크림으로 한 겹 덮어준 뒤, 바닐라 무슬린 크림으로 사이사이 빈 곳을 채워 표면을 매끈하게 정리한다. 냉장고에 30분 정도 넣는다.

핑크 아몬드 페이스트로 윗면 덮기

10. 아몬드 페이스트와 붉은색 식용색소를 섞어 손으로 반죽한다. 깨끗한 작업대에 올리고 밀대를 이용해 두께 1mm로 얇게 펼친다. 그대로 옮겨 케이크 윗면을 덮은 뒤 여분은 잘라낸다.
냉장고에 2시간 둔다.
조심히 틀에서 꺼낸 뒤 남은 딸기를 반으로 갈라 케이크 위를 장식한다.

셰프의 팁

라즈베리로 만들고 싶다면, 딸기 양만큼을 라즈베리로 대체하면 된다.

차가 주는 유익함

차가 프랑스에 처음 소개된 것은 17세기다. 당시 차라는 이국적인 음료는 치료 효과와 약효 면에서 주목받았다.

뇌의 스트레스를 줄인다

당시 의학과 가사를 다룬 여러 논문에서 차의 치유 효능을 다룬 내용이 등장한다. 1692년, 오디제는 귀족 저택 유지에 관한 방법을 기록한 《규율 속의 집》에서 다음과 같이 썼다. "차는 아침에 마셔야 한다. 정신을 깨우고 식욕을 돋우기 위함이다. 아침 식사 후에는 소화를 돕기 위해 마신다. 무엇보다 차는 뇌 속의 연기를 잠재우고 피를 맑게 하는 데에 유용하다."
과연 오디제의 이 말이 허황한 것일까? 최근 과학 분야에서 오디제가 17세기에 언급했던 '뇌 속의 연기'의 존재, 즉 '스트레스'를 줄이는 차의 효능과 심혈 관계 질환 예방 효능에 대해 연구가 이뤄지고 있다는 점이 흥미롭다.

한 잔의 차와 안정의 효과

녹차의 다양한 효능 중에서 폴리페놀이 지닌 항산화 기능-녹차 속 폴리페놀 성분이 노화를 일으키는 유리기로부터 우리 몸속 세포를 보호하는 기능-이 특히 주목받고 있다. 화장품에서는 폴리페놀을 피부 노화 방지 크림의 '안티-링클' 성분으로 사용하고 있다. 폴리페놀이 나쁜 콜레스테롤을 감소시키고, 동맥이 굳고 동맥 내부에 이물질이 쌓이는 아테롬성 동맥경화증을 예방한다는 점도 여러 연구를 통해 밝혀진 바 있다.
차는 폴리페놀 외에 1잔당 0.3mg의 불소를 함유해 하루에 1mg의 불소 섭취는 치아의 법랑질을 보호하는 데 적당한 양이다. 차에 함유된 카페인 성분은 중추신경계가 원활하게 돌아가도록 자극을 보내고 각성 상태를 긍정적으로 강화하여, 지적인 활동과 육체적인 활동을 유지하도록 돕는다. 이러한 각성과 보호의 효과 외에 긴장을 완화시키고 신경을 안정시키며 기분을 좋게 만드는 차의 효능에 대해서도 많은 연구가 이뤄지고 있다.

Macarons chocolat et café

초콜릿 마카롱 · 커피 마카롱

종류별 50개씩

준비 시간: 2시간
조리 시간: 12~15분
휴지 시간: 13시간

마카롱 셀(p.300 레서피 참조)
카카오 파우더 편평하게 깎은 1큰술

초콜릿 가나슈
카카오 매스 70% 이상 함유한 초콜릿 290g
크렘 프레슈(액상) 270g
버터 60g

도구
지름 10mm 깍지를 끼운 짜주머니

초콜릿 가나슈

1. 가나슈를 만든다. 우선 초콜릿을 도마에 올리고 칼로 잘게 다져 큰 볼에 옮긴다. 냄비에 크림을 끓인 뒤 초콜릿 위로 3회에 나눠 붓는다. 크림을 부을 때마다 나무주걱으로 잘 저어 덩어리지는 것 없이 균질한 질감이 되도록 한다.
여기에 작은 조각으로 썬 버터를 더해 아주 매끄러운 상태가 될 때까지 젓는다. 그라탕 접시에 옮겨 담고 랩을 씌우는데 랩이 가나슈 표면 전체와 닿게 한다. 가나슈가 식을 때까지만 실온에 두었다가 냉장고에 옮겨 포마드 정도의 농도가 날 때까지 1시간 정도 굳힌다.

초콜릿 마카롱 셀

2. 마카롱 셀을 만든다. 아몬드 파우더와 슈거 파우더 반죽에 카카오 파우더를 잘 섞어 만든다.

●●●

합체

3. 포마드 농도로 굳은 가나슈를 짜주머니에 옮겨 담는다. 구운 뒤 엎어서 식혀 둔 마카롱 셸에 가나슈를 동전 크기로 짠 뒤 다른 셸로 덮어 완성한다.
완성된 마카롱은 밀페 용기에 담아 냉장고에 12시간 정도 두었다가 먹는다.

커피 마카롱 셸(p.300 레서피 참조)
동결 건조 커피 가루(편평하게 깎아) 1큰술

커피 크림
크렘 프레슈(액상) 290g
커피 원두 50g
옥수수 전분 20g
그래뉴당 80g
화이트 초콜릿 140g
버터 100g

이 요리에는 라뒤레의 외제니Eugénie 티가 잘 어울린다.

커피 마카롱을 만들고 싶다면

1. 커피 마카롱을 만들고 싶다면 카카오 파우더 대신 물에 바로 녹는 인스턴트 커피 가루를 넣으면 된다.

2. 커피 크림을 만든다. 우선 시트 팬에 원두를 깔고 145℃로 예열한 오븐에서 15분간 굽는다. 구운 원두를 부수거나 간다. 냄비에 크림을 담아 끓인 뒤 원두 간 것을 더해 8시간 정도 우러나게 둔다. 체에 거르는데 커피 건더기를 꾹꾹 눌러주어 커피의 아로마 모두를 얻을 수 있게 한다. 거른 액에 옥수수 녹말을 더한 뒤 다시 냄비로 옮겨 설탕을 넣고 잘 녹인다. 불에 올려 끓어오르면 화이트 초콜릿 간 것을 더해 스틱형 핸드 블렌더로 고루 섞으며 녹인다. 2분간 두었다가 작은 조각으로 썬 버터를 더해 균질한 질감이 되도록 섞은 뒤 냉장고에 넣는다. 크림을 짜주머니에 옮겨 커피 마카롱을 만든다.

Savarins

사바랭

8개
준비 시간: 2시간 30분
조리 시간: 25분
휴지 시간: 1시간

바바 도우
생이스트 12g
천일염 1꼬집
그래뉴당 15g
케이크용 밀가루(박력분) 250g
달걀 4개
버터 75g + 틀에 바를 여분의 버터 20g

럼 시럽
물 1리터
그래뉴당 250g
왁스 처리하지 않은 레몬 1개
왁스 처리하지 않은 오렌지 1개
바닐라 빈 1꼬투리
숙성시킨 럼 120ml + 장식용 럼 125ml

바바 도우

1. 이스트는 손으로 잘게 부숴 실온의 물 2큰술에 푼다. 큰 볼에 밀가루, 소금, 설탕을 담고 물에 푼 이스트, 달걀 2개를 넣어 나무주걱으로 섞는데, 반죽이 볼 옆면에 들러붙지 않을 때까지 섞는다. 달걀 1개를 더 넣고 마찬가지로 반죽이 볼에 들러붙지 않을 때까지 반죽한다. 남은 달걀 1개도 같은 방법으로 반죽한다. 실온에 두어 부드러워진 버터를 잘게 썰어 더한 뒤 반죽이 볼에 들러붙지 않을 때까지 마저 반죽한다.

2. 젖은 면포나 랩으로 덮어 반죽이 2배로 부풀어 오를 때까지 1시간 정도 실온에 둔다.

3. 우선 오븐을 170℃로 예열한다.
틀에 버터를 바른다. 깍지를 끼우지 않은 짜주머니에 도우를 옮겨 담고 틀에 짠다. 틀 높이까지 반죽이 2배로 부풀어 오르면 오븐에 넣어 20분간 굽는다.

•••

가니시

샹티이 크림(달게 만든 휩 크림) 325g
장식을 위한 계절 과일 약간

도구

지름 7cm의 원형 사바랭 틀 8개
짜주머니(깍지 없이)
지름 10mm 별 모양 깍지를 끼운 짜주머니

이 요리에는 라뒤레의 로이 솔레이Roi Soleil 티가 잘 어울린다.

셰프의 팁

제과용 반죽기(스탠드 믹서)가 있다면 반죽기에 딸린 전용 볼과 반죽용 후크를 써서 바바 도우를 만들어도 된다. 푸드 프로세서에 재료를 넣고 섞어도 무방하다.

럼 시럽

4. 냄비에 물과 설탕을 넣는다. 채소용 필러를 이용해 레몬과 오렌지 제스트를 만든다. 레몬과 오렌지의 즙은 짠다.
잘 드는 칼로 바닐라 빈을 길게 가른 뒤 칼 끝으로 빈 안쪽을 긁어 바닐라 씨를 얻는다.
물과 설탕이 담긴 냄비에 바닐라 빈 꼬투리와 바닐라 씨, 레몬즙과 오렌지즙을 넣어 약한 불에 끓인다. 불에서 내린 뒤 고운 체에 내려 건더기를 제거한 뒤 럼을 더한다.

5. 넉넉한 크기의 접시에 사바랭을 올려놓고 럼 시럽을 부어 사바랭이 촉촉하게 시럽을 흡수하게 한다. 널찍한 접시 위에 와이어 랙을 얹고 사바랭을 랙 위에 올린다. 시럽을 다시 데워 뜨거울 때 사바랭 위로 몇 차례 부어준 뒤 충분히 식힌다.

마무리

6. 접시에 사바랭을 놓고 숙성 럼을 충분히 뿌려준다. 별 모양 깍지를 끼운 짜주머니를 이용해 샹티이 크림을 각각의 사바랭 위에 짠 뒤 신선한 제철 과일을 올려 장식한다.

완벽한 찻주전자

차 애호가라면 제대로 도구를 갖춰 즐기고자 하는 마음에 찻주전자 몇 개쯤은 있을 것이다. 사실 차를 우리는 이상적인 방법은 차 종류에 따라 찻주전자를 달리하여 사용하는 것이다.

차의 기억을 머금은 찻주전자

찻주전자에 차를 우려내면 차의 아로마 성분이 내벽에 밴다. 그러므로 차의 종류에 따라 찻주전자를 구분해 사용한다면 겹겹이 쌓인 차 맛의 지층까지 함께 즐길 수 있다. 재질별로 보자면, 자기 재질의 찻주전자는 녹차나 우롱차, 다르질링, 가향차를, 주철 재질의 찻주전자는 훈연한 차나 홍차를, 테라코타 재질의 찻주전자는 실론이나 파쇄한 잎차를, 금속 재질의 찻주전자는 민트 티를 우리기에 좋다.
차의 침전에 대해서는 의견이 갈리는데, 우렸던 차의 타닌과 아로마 성분이 찻주전자에 얇게 침착되어 표면에 색이 배는, 그래서 다음 번 차 맛을 더욱 좋게 이끄는 찻주전자가 좋다는 파가 있고, 처음 산 그대로 유지되는 찻주전자를 선호하는 파도 있다. 어느 쪽이든 찻주전자를 주방용 세제를 사용하거나 식기 세척기에 넣지 않도록 한다.

올바른 사용법

차를 우릴 때는 찻잎을 넣기 전에 먼저 찻주전자를 뜨거운 물로 한 번 데우는 과정이 필요하다. 영국 사람들은 찻주전자에 찻잎을 넣은 뒤 숟가락으로 휘젓기도 하고, 혹은 작가 조지 오웰이 그의 에세이에 조언했던 대로 찻주전자를 흔들어 찻잎을 풀어주기도 한다. 작은 크기의 찻주전자를 사용하면 차의 향기가 훨씬 더 잘 드러난다. 그러니 큰 주전자에 많은 양을 단번에 우려내는 것은 피하자. 차를 우리는 가장 좋은 방법은 찻주전자 안에서 찻잎이 완전하게 펼쳐지며 꽃처럼 편안히 피어나게 두는 것이다. 이 방법이 차 여과기 안에서 찻잎들이 뭉쳐 있게 두는 것보다 훨씬 낫다. 루스 티(깡통에 담아 파는 온전한 찻잎으로 만든 티)의 경우에는 찻잎을 찻주전자에 우린 뒤 체에 내려 서빙할 주전자로 옮기는 것도 방법이다.

LADURÉE
LADURÉE
LADURÉE
LADURÉE
LADURÉE
LADURÉE
LADURÉE
LADURÉE
LADURÉE
LADURÉE

UN THÉ
au jardin

•••

정원에서 즐기는 티

정원에서 즐기는 티

언덕 위 초록 물결을 그려내는 차나무 사이사이로
봄비 맞아 새로 돋아나는 어린 찻잎의 어여쁜 모습.
차란 자연으로 돌아가 마음이 그 속을 거닐게 하는, 그런 매력을 지닌 음료다.

자연과 어우러지는 순간

마당의 나무 그늘에 앉아 차를 마시는 건 참으로 멋지고 여유로운 일이다. 차의 맛과 향기가 주변을 둘러싼 나무 향, 꽃 향과 하나되는 느낌이 들 것이다.

차의 주된 향 노트는 식물성을 기반으로 한다. 풀이나 허브, 건초 향이거나 장미, 오렌지, 바이올렛 같은 꽃 향이며, 그 외의 향기라 해도 베리류나 바닐라 같은 맛있는 과일 향이기에, 정원과 차는 감각 면에서 잘 어울리는 짝꿍이다. 차가 지닌 아로마의 범위는 대단히 넓은데, 맛의 요소와 만나 다양한 변화를 보여주기도 한다. 이런 풍성한 아로마를 경험하고 누리는 일이야말로 차를 마시는

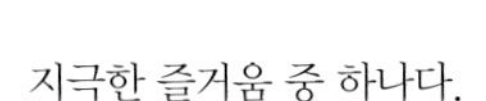

지극한 즐거움 중 하나다.

중국과 일본의 차 대가들은 차를 마시는 시간이 자신과 우주가 어우러지는 순간이라 하여 차와 자연의 연계를 중요시했다. 차를 통해 현재의 찰나에 집중하려는 마음. 이 마음이 우리를 이 바쁘고 정신없는 세상에서 잠시나마 평온과 평화로 이끌어줄 것이다. 차가 긴장을 풀어주고 안정을 찾게 도와준다고 회자되는 이유도 이것이다.

LADURÉE
LADURÉE
Thé Mûre
LADURÉE
LADURÉE
Thé Violette

차 속의 꽃잎

차는 자연을 기리는 시이자 자연에 대한 예찬이다. 중국에는 '꽃차'라 불리는 전통 공예 화차가 있다. 꽃송이를 다듬어 실로 고정해 만드는 차로, 꽃차는 물과 만나면 마술처럼 꽃봉오리를 벌려 활짝 피어난다. 그 모습이 눈으로 보기에도 참 아름다운데, 더욱 놀라운 점은 꽃향기를 꽃봉오리 안에 그대로 머금고 간직했다가 차 안에서 다시금 온전히 펼쳐낸다는 것이다.

중국 사람들은 송나라(960~1279) 때부터 꽃차를 만들기 시작했는데, 찻잎과 신선한 꽃을 번갈아 가며 층층이 쌓아 찻잎에 꽃향기를 흡착시켰다. 그렇게 만든 가향차 중에서 재스민 티가 가장 유명하다. 그밖의 국화나 목련, 장미, 연꽃 등도 향기를 더하는 재료로 자주 사용된다.

서양에서는 이 방법을 홍차에 적용해 과일 에센스를 더한 홍차를 개발했는데, 그중 유명한 것이 베르가모트 향을 더해 만든 얼그레이 티다. 1980년대 들어 세련된 완성도의 가향차가 등장했다.

티 가든

영국 사람들은 정원을 가꾸는 일에도 열정적인 데다가 정원에서 차를 마시는 것도 무척이나 좋아한다. 그러니 정원을 차를 마실 수 있는 특별한 공간으로 꾸민 것은 당연해 보인다. 18세기 영국의 유원지(당시 유명한 유원지로는 런던에 위치한 복스홀Vauxhall과 라네라Ranelagh가 있었다)는 자연에 둘러싸여 차를 마시며 휴식을 취할 수 있도록 특별히 디자인된 곳이었다. 그리고 그렇게 '가든'에서 차를 마시는 일은 사교계 모임의 일환으로 자리 잡아 갔다.

해마다 영국 여왕은 버킹엄 궁전 정원에 여름 가든 파티를 열어 3만 명의 손님을 초대한다. 모자와 옷을 격식에 갖춰 입고 온 시민들

에게 차와 간식을 대접하는데, 2만 개의 샌드위치와 2만 조각의 케이크가 한 번의 가든 파티에 소비된다고 한다.

명상 산책 후에 마시는 차. 일본의 다원

다원이라고 하면 주인이 그만의 세심하고 숙련된 노하우로 품질 좋은 차를 공들여 만드는 차 재배 농장을 의미한다. 그런 다원에서 만든 차는 산업화된 대규모 시설에서 생산되는 상품과는 확연히 다를 수밖에 없다.

일본에서 다원茶園, 즉 차니와chaniwa라고 하면 차 밭과 찻집이 있는 정원, 즉 도시에 자리하며 시음을 위해 마련된 다원을 일컫는다. 일본 사람들은 차를 매개로 한 자연과의 연계를 매우 중요시한다. 그들에게 다원은 차 시음을 위한 장소이기도 하지만, 동시에 주도면밀하게 설계된 보행길을 따라 걸으며 일상의 무게에서 벗어나 명상 산책을 하는 안전 구역이기도 하다. 벽과 울타리로 바깥세상과 단절된 다원 안에서 사람들은 시간의 개념을 떨쳐내고 문명의 소음으로부터 멀어진다. 그렇기에 일본 다원의 조경은 엄격한 원칙을 따른다. 화려한 빛깔로 눈을 홀리고 명상을 흩트리는 꽃 종류는 가능한 한 최소화하고 이끼류나 양치류, 상록수로 꾸민다. 직선 길이란 없다. 울퉁불퉁 자갈을 심어 구불구불 계획한 오솔길은 진전을 위한 길로, 명상–영혼 씻기–산책의 과정의 상징적 표현이다. 그 과정을 마치고 길 끝에 가야만, 즉 '영혼이 정화되어야만' 마침내 정자로 들어가 차를 마실 준비가 된다. 선Zen으로 향한 여정이 한 잔의 차로 마무리되는 것이다.

Petits cakes salés

세이버리 프티 케이크

종류별 30개씩
준비 시간: 40분
조리 시간: 13분

가루 건조 시간: 3시간

전지 우유 400ml
중력분 115g
생이스트 8g
실온에 둔 버터 75g
달걀 2개
노란 호박 45g
초록 호박 45g
시금치 20g
올리브 오일 약간
피멍 데스플레트(또는 매운 파프리카 가루) 2꼬집
가는 소금 약간

완두콩 가루
얼린 완두콩 100g

가니시
크림치즈 50g
완두콩 가루 100g(레서피 참조)

채소 케이크

1. 시금치 퓌레를 만든다. 우선 끓는 소금물에 시금치를 넣어 3분간 삶는다. 물기를 뺀 뒤 얼음물 200ml와 섞어 블렌드에 넣고 갈아 곱고 부드러운 상태의 퓌레를 만든다.

2. 완두콩 가루를 만든다. 우선 오븐을 70℃로 예열한다. 시트 팬에 얼린 완두콩을 고루 펼친 뒤 오븐에 넣어 3시간 정도 말린다. 중간중간 뒤적여 섞는다. 블렌더에 갈아 밝은 연둣빛 가루가 되면 건조한 곳에 둔다.

3. 노란 호박과 초록 호박은 작은 큐브 모양으로 썬다. 올리브 오일을 두른 팬에 재빨리 볶은 뒤 소금과 피멍 데스플레트로 간한다.

4. 케이크 반죽을 만든다. 전자레인지에 우유를 미지근하게(35℃) 데운 뒤, 생이스트를 잘 저어 녹인다. 스테인리스 볼에 달걀을 넣고 거품기로 저은 뒤 밀가루, 이스트를 녹인 우유, 버터를 넣어 잘 섞고 소금과 피멍 데스플레트를 넣는다. 볶은 호박과 시금치 퓌레를 더한다.

•••

도구
긴 지름 4cm, 높이 2cm 타원형이 24개 달린 실리콘 틀
지름 10mm 깍지를 끼운 짜주머니

5. 오븐을 180℃로 예열한다. 준비한 틀에 반죽을 나눠 담고 오븐에서 13분간 굽는다.

6. 마무리 장식을 한다. 크림치즈를 짜주머니에 담아 각각의 미니 케이크 위로 동그랗게 짠다. 그 위로 2번 과정의 완두콩 가루를 뿌려 완성한다.

파스트라미 케이크

건조 시간: 1시간
냉장 시간: 30분

전지 우유 400ml
중력분 115g
생이스트 8g
실온에 둔 버터 75g
달걀 2개
보포르 치즈 45g
파스트라미 45g
피멍 데스플레트 1꼬집
가는 소금 1꼬집

파스트라미 가루
훈제 파스트라미 슬라이스 3장

가니시
크렘 프레슈 에페스(유지방 40%의 빽빽한 크렘 프레슈) 60g

1. 파스트라미 가루를 만든다. 우선 오븐을 120℃로 예열한다. 시트 팬 위에 유산지를 깔고 훈제 파스트라미 슬라이스를 펼친 뒤 오븐에 1시간 동안 굽는다. 파스트라미가 잘 마르고 바삭한 느낌이 들면 오븐에서 꺼내 블렌더에 갈아 고운 가루로 만든다.

2. 보포르 치즈를 넓적하게 자른 뒤 2~3mm 큐브로 잘게 썬다. 파스트라미도 같은 크기로 잘게 썬다.

3. 케이크 반죽을 만든다. 전자레인지에 우유를 미지근하게(35℃) 데운 뒤, 생이스트를 넣고 잘 저어 녹인다. 스테인리스 볼에 달걀을 넣고 거품기로 저은 뒤 밀가루, 이스트를 녹인 우유, 버터를 넣어 섞고 소금과 피멍 데스플레트를 넣는다. 잘게 썬 보포르 치즈와 파스트라미를 더해 섞는다.

4. 오븐을 180℃로 예열한다. 반죽을 준비한 틀에 나눠 담고 오븐에서 13분간 굽는다.

파스트라미 슬라이스 3장
젤라틴 1장
피멍 데스플레트 약간

도구

긴 지름 4cm, 높이 2cm 타원형이 24개 달린 실리콘 틀
지름 10mm 깍지를 끼운 짜주머니

5. 마무리 장식을 한다. 우선 냄비에 크렘 프레슈 에페스를 데운 뒤 파스트라미를 큼직하게 썰어 넣고 우러나게 둔다. 젤라틴은 찬물에 담근 다음 크림을 체에 거른 뒤 물기를 짠 젤라틴을 더해 잘 섞는다. 피멍 데스플레트로 간한다. 크림을 짜주머니에 옮겨 담고 냉장고에 최소 30분간 두어 차게 식힌다.

6. 잘 식은 각각의 미니 케이크 위로 크림을 동그랗게 짠 뒤 파스트라미 가루를 뿌려 완성한다.

토마토, 올리브, 모차렐라 치즈가 들어간 케이크

토마토 조리 시간: 4시간
냉장 시간: 30분

전지 우유 400ml
중력분 115g
생이스트 8g
실온에 둔 버터 75g
달걀 2개
토마토 콩피 퓌레 55g(레서피 참조)
씨 뺀 블랙 올리브 27g
피멍 데스플레트 2꼬집
가는 소금 2꼬집

1. 반쯤 말린 토마토 콩피를 만든다. 우선 오븐을 90℃로 예열한다. 토마토는 껍질을 벗겨 꼭지를 떼고 세로로 4등분 한다. 씨 부분은 도려낸 뒤 볼에 옮겨 담고 올리브 오일, 소금을 넣어 살살 뒤적여가며 섞는다. 취향에 따라 슈거 파우더를 넣어도 좋다. 시트 팬 위에 유산지를 깔고 그 위로 토마토를 넉넉한 간격을 두어 펼친다. 타임 잎을 뿌린 뒤 오븐에 넣고 익는 정도를 지켜보며 4시간 익힌다. 필요하면 토마토에 약간의 올리브 오일을 붓으로 발라도 좋다. 윗면이 너무 마르거나 바닥 면이 너무 축축하지 않게 중간중간 뒤집어가며 익힌다. 토마토가 완전히 익어 콩피 상태가 되면 오븐에서 꺼내어 식힌다.

•••

토마토 콩피 퓌레(55g)
토마토 1개 + 1/2개
올리브 오일 1ml
슈거 파우더 1g(취향에 따라 선택)
타임 1줄기
가는 소금 1꼬집

가니시
크렘 프레슈 에페스(유지방 40%의 빽빽한 크렘 프레슈) 60g
버팔로 모차렐라 치즈 12g
판 젤라틴 1장
바질(어린 잎) 1다발
피멍 데스플레트 1g

도구
긴 지름 4cm, 높이 2cm 타원형이 24개 달린 실리콘 틀
지름 10mm 깍지를 끼운 짜주머니
체

이 요리에는 라뒤레의 재스민Jasmin 티가 잘 어울린다.

2. 토마토 콩피를 푸드 프로세서나 블렌더에 넣고 갈아 매끈한 퓌레 상태로 만든다. 올리브는 작은 큐브 모양으로 썬다.

3. 케이크 반죽을 만든다. 전자레인지에 우유를 미지근하게(35℃) 데운 뒤, 생이스트를 넣고 잘 저어 녹인다. 스테인리스 볼에 달걀을 넣고 거품기로 저은 뒤 밀가루, 이스트를 녹인 우유, 버터를 넣어 섞고 소금과 피멍 데스플레트를 넣는다. 잘게 썬 올리브와 토마토 콩피를 더한 뒤 소금과 피멍 데스플레트로 간한다.

4. 오븐을 180℃로 예열한다. 반죽을 준비한 틀에 나눠 담고 오븐에서 13분간 굽는다.

5. 마무리 장식을 한다. 우선 냄비에 크렘 프레슈 에페스를 데운 뒤 크게 썬 모차렐라 치즈를 넣어 10~15분 정도 녹게 둔다. 젤라틴은 찬물에 담근다. 크림을 체에 거른 뒤 물기를 짠 젤라틴을 더해 잘 섞는다. 피멍 데스플레트로 간한다. 크림을 짜주머니에 옮겨 담고 냉장고에 최소 30분 정도 두어 차게 식힌다.

6. 잘 식은 각각의 미니 케이크 위로 크림을 동그랗게 짠 뒤 바질을 올려 장식한다.

Cake à la rose

장미 케이크

8~10인분
준비 시간: 1시간 30분
조리 시간: 55분
휴지 시간: 12시간

케이크 반죽
버터 35g + 틀에 바를 여분의 버터 20g
밀가루 105g + 틀에 뿌릴 여분의 밀가루 20g
베이킹파우더 5.5g(1/2봉지)
그래뉴당 125g
달걀 2개
크렘 프레슈 에페스(뻑뻑한 크렘 프레슈) 55g
장미 시럽 15g
가는 소금 약간

장미 향 시럽
물 300ml
그래뉴당 250g
장미수(로즈 워터) 20ml
장미 시럽 20ml

도구
폭 8cm, 길이 25cm, 높이 8cm의 케이크 틀

케이크 반죽

1. 케이크 틀에 버터를 바른다. 완성된 케이크가 틀에서 쉽게 빠지도록 유산지를 틀 바닥에 깐다. 바른 버터가 굳도록 틀을 10분 정도 냉장고에 둔다.
틀을 꺼내 밀가루를 뿌린 뒤 뒤집어서 여분의 밀가루를 털어낸다.

2. 작은 냄비에 버터를 넣고 불에 올려 버터가 녹을 정도로 미지근하게 데운다. 밀가루와 베이킹파우더는 체에 쳐서 큰 볼에 담는다.
볼을 하나 더 준비해 설탕을 붓고 달걀을 하나씩 넣어 섞은 뒤 크림, 소금 1꼬집과 장미 시럽을 더해 계속 거품기로 저어 섞는다. 체에 내린 밀가루와 베이킹파우더를 더하고 미지근한 버터를 마저 넣어 스패출러로 고루 잘 섞는다.

3. 오븐을 210℃로 예열한다. 케이크 틀에 반죽을 채워 오븐에서 10분간 구운 뒤 꺼내어 껍데기가 생긴 윗면을 칼 끝으로 길게 가른다. 곧바로 180℃ 오븐에 다시 넣고 45분간 굽는다.

•••

•••

장미 향 시럽

4. 케이크를 굽는 동안 장미 향 시럽을 만든다. 냄비에 물, 설탕, 장미수, 장미 시럽을 넣고 끓인 다음 불에서 내린 뒤 식힌다.

마무리

5. 잘 구운 케이크는 틀에서 꺼내 랙에 올려 식히는데, 시럽을 붓는 과정이 있으니 랙 아래 시트 팬을 깔아 두자. 시럽을 데운 뒤 국자를 이용해 케이크 위로 여러 차례 넉넉히 부어 흡수시킨다. 시트 팬으로 흘러내린 시럽을 모아 다시 케이크 위에 붓는다. 같은 과정을 한 번 더 반복한 뒤 살 식힌다. 최소 12시간은 두었다가 먹어야 맛이 좋다.

이 요리에는 라뒤레의 로즈Rose 티가 잘 어울린다.

동백과 닮은 차나무

차나무가 동백나무와 가족이라는 걸 알고 있는지? 차나무와 동백나무는 같은 차나무과에 속한다.

차나무, 카멜리아 시넨시스

스웨덴의 생물학자 칼 폰 린네(오늘날 사용하는 생물 분류법인 이명법, 즉 생물의 이름을 속屬명과 종種명 2분류로 표시하는 방법을 제창한 생물학자)는 1881년 그의 저서 《식물의 종》에서 차나무를 카멜리아 시넨시스Camelia sinensis라고 명명했다. 차나무는 두껍고 질긴 잎을 지닌 상록수로, 꽃은 동백꽃보다는 작지만 꽃잎이 5장이고 흰 꽃을 피워내는 모습은 동백과 닮았다. 차나무 재배의 기원은 지금으로부터 6천 년 전 중국 윈난 지방에서 그 자취를 찾아볼 수 있다. 오늘날 차 생산에 사용되는 카멜리아 시넨시스는 3가지 품종이 존재하며, 재배 변종은 500여 가지에 이른다고 한다.

저 높은 산의 차 밭

차나무는 비교적 따뜻하고 강우량이 많은 열대기후나 아열대기후의 해발고도 300~2500m에서 잘 자란다. 최상품의 차를 재배하는 농장을 보면 고지대에 자리 잡은 경우가 많은데, 생장 환경이 혹독하다 보니 차나무가 키를 키우기보다는 잎이 지닌 맛을 키우는 데에 집중하기 때문이다. 차 농장에서는 수월하게 수확하기 위해 차나무의 키를 1.2m 정도로 맞춰 키우는 게 일반적이다. 야생으로 자라는 차나무도 있는데, 가장 오래된 차나무의 나이는 2천 년이 넘으며 높이는 25m에 달한다.

차나무를 정원에 심고 싶다고? 물론 가능하다. 너무 응달보다는 반쯤 그늘지는 곳에서 산성토양 또는 부식토에서 키우면 좋다. 찻잎은 퇴비로도 유용한데, 식물이 자라는 데 필요한 영양성분이 들어 있기 때문이다.

Tarte Passion framboise

라즈베리 패션프루츠 타르트

8인분
준비 시간: 1시간 20분
조리 시간: 20분
휴지 시간: 최소 13시간 + 반죽에 최소 2시간(하루 전에 만들어 두는 것이 좋다)

패션프루츠 크림
버터 250g
판 젤라틴 2장
달걀 2개 + 달걀노른자 1개분
그래뉴당 150g
옥수수 전분 1작은술
패션프루츠 퓌레 125g
레몬즙 2큰술

스위트 아몬드 페이스트리 셸
스위트 아몬드 페이스트리 반죽 350g
(p.297 레시피 참조)
작업대에 뿌릴 밀가루 20g
틀에 바를 버터 20g

가니시
라즈베리 400g

도구
지름 24cm, 높이 2cm 타르트 틀

패션프루츠 크림

1. 크림은 하루 전에 미리 만든다.
버터는 부드러워지도록 실온에 꺼내 둔다.
차가운 물에 판 젤라틴을 담가 부드럽게 풀어지게 10분 정도 둔다.
다른 볼에 달걀과 달걀노른자, 설탕, 옥수수 전분을 넣고 섞는다. 패션프루츠 퓌레와 레몬즙도 섞는다.
젤라틴을 건져 꼭 짜서 물기를 완전히 제거한다.

2. 1번 과정의 달걀 혼합물을 냄비에 담고 약한 불에 올려 되직한 크림 상태가 될 때까지 고무 스패출러로 계속 저어가며 끓인다. 불에서 내린 뒤 물기 짠 젤라틴을 더한다.
10분 정도 식히는데, 한 김 빠지고 아직 따뜻할 때(60℃ 정도) 실온의 부드러운 버터를 더한다. 하나로 녹아들어 균질하고 매끄러운 질감이 되도록 고루 잘 섞는다. 패션프루츠 크림을 밀폐 용기에 담아 냉장고에 최소 12시간 이상 두어 굳힌다.

스위트 아몬드 페이스트리 셸

3. 작업대에 밀가루를 뿌리고 반죽을 펼쳐 2mm 두께로 민다. 버터를 바른 타르트 틀에 맞춰 반죽을 살살 눌러 깐 뒤 냉장고에 넣어 1시간 휴지시킨다.
오븐을 170℃로 예열한다. 예열되는 동안 타르트 셸을 냉장고에서 꺼낸다. 굽는 동안 셸이 부풀어 오르지 않도록 포크로 바닥을 콕콕 찍어준다. 유산지를 셸 지름보다 큰 원반 모양으로 잘라 반죽 위에 올린 뒤, 옆면과 모서리 부분도 꼼꼼히 눌러 뜨는 곳이 없게 하고, 틀보다 높이 올라오게 하여 굽는 동안 반죽 모양이 잘 유지되게 한다. 마른 콩을 유산지 위로 고루 채운다.

4. 노릇해질 때까지 20분간 굽는다. 타르트 셸을 오븐에서 꺼내 마른 콩과 유산지를 걷어낸다. 이때 색깔이 덜 났다 싶으면 이번에는 아무것도 덮지 말고 그대로 오븐에 잠깐 넣어 색을 더 낸 다음 꺼내 식힌다.

마무리

5. 식힌 타르트 셸에 패션프루츠 크림을 채워 냉장고에 신선하게 보관했다가 먹기 직전에 꺼내어 라즈베리를 예쁘게 올려 낸다.

이 요리에는 라뒤레의 로즈Rose 티나 바이올렛Violette 티가 잘 어울린다.

Tartes Tatin

타르트 타탱

8개

준비 시간: 45분

조리 시간: 2시간 15분

휴지 시간: 3시간

타탱 사과와 캐러멜

사과 12개(가능하면 골든golden 품종)

물 100ml

그래뉴당 300g

버터 125g

퍼프 페이스트리

퍼프 페이스트리 반죽 500g(p.298 레서피 참조)

작업대에 뿌릴 밀가루 20g

도구

지름 10cm의 라미킨 8개(오븐 사용이 가능한 작은 세라믹 베이킹 그릇)

지름 13cm의 원형 커터

타탱 사과와 캐러멜

1. 사과는 껍질을 벗기고 크게 3조각으로 자른다. 버터는 작게 썬 뒤 팬에 물과 설탕을 넣고 섞어 고운 황금빛 캐러멜색이 돌 때까지 익힌다.

불에서 내리자마자 곧바로 버터를 넣어 시럽이 더 익는 것을 막는다. 시럽이 튈 수 있으니 데지 않게 조심하자. 버터가 균질하게 녹을 때까지 계속 저은 뒤, 캐러멜을 라미킨에 5mm 두께로 부은 다음 식힌다.

2. 오븐을 160℃로 예열한다.

라미킨에 사과 조각을 서로 기대 세워 라미킨 안에 가능한 한 꽉 채워 담는다. 사과가 익으면서 부피가 반으로 줄어들게 되니 처음 담을 때 라미킨에 넘치도록 담는 게 좋다. 오븐에서 1시간 30분간 구운 뒤 꺼내 식힌다.

이 요리에는 라뒤레의 뮈르Mûre 티가 잘 어울린다.

셰프의 팁

타르트를 먹기 직전에 120℃ 오븐에 한 번 더 데운 뒤 휘핑 크림을 곁들여 미지근하게 내도 좋다.
바닐라 아이스크림을 한 숟가락 더해도 타탱 사과와 맛이 무척이나 잘 어울리는데, 뜨거운 것과 찬 것이 만나 이루는 대조가 입안을 상쾌하게 자극한다.

•••

퍼프 페이스트리

3. 작업대에 밀가루를 뿌리고 퍼프 페이스트리 반죽을 밀어 펼친다. 원형 커터를 사용해 지름 13cm 원반 모양을 찍어낸 뒤 냉장고에서 30분 동안 휴지시킨다.
오븐을 170℃로 예열한다.

4. 라미킨의 사과 위로 자른 페이스트리 반죽을 올려 사과를 감싸 고정하듯 깊게 덮는다. 나중에 몰드에서 빼낼 때까지 페이스트리가 사과와 붙어 있어야 한다. 오븐에 넣어 35분간 굽는다. 식힌 뒤 최소 2시간 이상 냉장고에 두어 캐러멜이 안정적으로 자리 잡으며 굳고, 사과 속 펙틴이 젤리화될 시간을 준다.

5. 팬에 물을 데운다. 물이 끓으면 라미킨 바닥 쪽이 물에 잠기도록 하여, 라미킨을 한 번에 하나씩 15초씩 담갔다 꺼낸다. 그렇게 하면 그릇 안쪽으로 굳어 있던 캐러멜이 녹으며 부드러워진다. 라미킨 안쪽 둘레를 따라 칼날을 한 바퀴 돌려 내용물을 빼내는데, 페이스트리 쪽을 살짝 눌러 타르트를 빼내면서, 사과 쪽이 위로 가게 해 곧장 접시에 담는다.

봄에 거두는 첫 수확

차나무에서 잎을 수확하는 일은 오랜 세월 이어져 온 문화다. 와인에서 포도의 수확이 그러하듯, 차 수확은 차의 품질에 지대한 영향을 미친다.

긴 세월 반복되어 온 동작으로

찻잎을 수확하는 일은 섬세한 작업이다. 기계화를 꽤 이룬 일본이나 조지아를 제외하고 찻잎 따는 일은 아직도 대부분 수작업으로 진행된다. 잎을 따는 작업자 대부분은 여성으로, 등에 채롱을 지고 수확하는데, 나무 막대기를 지닌 모습도 때때로 눈에 띈다. 나무 막대기는 기준 자 역할을 하여, 지면과 평행하게 차나무 위에 올려놓으면 따야 하는 최적의 잎이 드러나 막대기보다 높이 올라온 잎만 골라 따면 된다. 엄지와 검지를 이용해 재빠른 손놀림으로 채엽하는데, 차 종류에 따라 최상급 차는 가지 끝의 어린 새순만 따고, 그 아래 등급은 새순과 잎 하나, 혹은 새순과 잎 둘, 혹은 새순과 잎 셋까지 따기도 한다. 어느 경우이든 잎만 따지 줄기를 따거나 자르는 일은 없다. 최고급 차를 선보이는 농원일수록 대를 이어 전해오는 수확의 기술, 즉 그들만의 노하우와 노련함을 지니고 있다.

차나무가 잠을 깨는 그 순간

일반적으로 찻잎은 일 년에 여러 차례에 걸쳐 수확한다. 차나무가 깨어나 싹을 내밀었을 때(flush라 부른다) 수확에 들어가는데, 이 시기는 잠복기(나무가 잠에 빠진 듯 보이는 보름 정도의 시기)와 함께 주기적으로 반복된다.

봄비가 내려 차나무 성장을 촉진해 첫 새싹이 나올 때 한 해의 첫 수확에 들어가는데, 이 첫물차는 그 향미가 한결 섬세하고 순하며 향기롭고 감칠맛이 있어 최고 품질의 차로 여겨진다. 봄의 첫물차 뒤로는 두 번째 수확second flush이 여름철에 이뤄지고, 세 번째 수확third flush이 가을에 그리고 그 두 시기 사이에 이뤄지는 수확in-between도 있다.

Meringues

머랭

20~22개
준비 시간: 20분
조리 시간: 3시간

슈거 파우더 120g
달걀흰자 4개분
그래뉴당 120g

도구
거품용 휘퍼를 끼운 핸드 믹서
지름 10mm 별 모양 깍지를 끼운 짜주머니

1. 오븐을 100℃로 예열한다.
슈거 파우더는 체에 내린다.

2. 머랭 반죽을 만든다. 먼저 물기 없는 볼에 달걀흰자를 담고 거품용 휘퍼를 끼운 핸드 믹서로 거품을 낸다. 뽀얀 거품이 충분히 올라온다 싶을 때 설탕 40g을 더해 탄력 있는 거품 상태가 될 때까지 더 돌린다. 설탕 40g을 더해 1분간 더 돌려준다. 고무 스패출러로 체에 친 슈거 파우더를 더해 살살 접듯이 섞는다.

3. 머랭 반죽을 별 모양 깍지를 끼운 짜주머니에 옮겨 담는다. 시트 팬에 유산지를 깔고 머랭 반죽을 나선형으로 짠다. 굽는 동안 위로 옆으로 부풀어 오르므로 사이사이 간격을 주는 것을 잊지 말자. 짜주머니와 깍지가 없다면 숟가락을 이용해도 좋다. 뜨거운 물에 적신 숟가락 2개로 머랭을 떠서 이쪽저쪽 옮겨가며 커넬(3면을 가진 타원형)을 만들면 된다.

•••

•••

4. 시트 팬을 오븐에 넣고 3시간 정도 말리듯 굽는다. 머랭을 천천히 구우면서 서서히 마르도록 하는 게 중요하다. 색깔이 갑자기 짙어지지 않도록 옆에서 지켜보며 익힌다.
다 되면 완전히 식힌 뒤 밀폐 용기에 담아 보관한다.

이 요리에는 라뒤레의 뮈르Mûre 티가 잘 어울린다.

셰프의 팁

머랭에 슈거 파우더를 뿌려 장식하고 아이스크림이나 소르베와 함께 내자.

특별한 차 농원

인도 북동쪽에 자리 잡은 다르질링 지방. 1834년, 이곳의 어느 영국 관리는 자신의 정원에 차 씨앗을 심고 차나무를 키우는 시도를 한다.

자신들의 차를 재배하고 싶었던 영국

자국 내의 엄청난 차 소비량을 중국 차 수입에 기댈 수밖에 없어 답답했던 영국은 차 재배에 직접 나서기를 원했다. 그러던 중 당시 영국의 식민지였던 히말라야 고원지대의 토양과 기후가 차 재배에 적합하다는 것을 알게 됐다. 중국에서 차나무인 카멜리아 시네시스와 그 재배법을 훔쳐 나온 식물학자 로버트 포천의 조언에 따라 1856년 히말라야 다르질링 지역에 영국의 첫 번째 다원인 투크바Tukvar를 열게 된다. 다원의 수는 순식간에 늘어나 1866년에는 무려 40여 곳에 이르렀으며, 현재는 90여 곳에 달한다. 성공적인 차 재배에 고무된 영국은 차 재배를 실론 섬(지금의 스리랑카)으로 넓혀 나간다.

뱅골 차

오늘날 다르질링의 다원은 세계적 유명세를 떨치고 있는데, 최고 품질의 다르질링은 중국 최상품의 차에 필적한다고 알려져 있다. 다르질링의 차 수확 환경은 꽤 까다롭다. 70도에 달하는 경사지에 차 밭이 자리하고 있기 때문이다. 상업적인 성공의 폐해랄까? 90여 곳에 달하는 다르질링 다원을 사칭하는 상품들이 전 세계로 유통되고 있다. 그 위조품의 양이 어마어마해 많게는 실제 다르질링 차 생산량의 4배에 이른다고 한다.

LADURÉE

UN THÉ
à la russe

•••

러시안 티

러시안 티

대초원과 혹한의 매력으로 여행자를 불러들이는 러시아.
그곳에서는 한겨울이면 몸과 마음을 덥히기 위해
향기와 맛이 진한 차를 마신다.

차에서 얻는 힘과 에너지

러시아는 세계에서 다섯 번째로 차를 많이 소비하는 나라다. 러시아 사람들은 맛이 진하고 강한 차를 즐겨 마시는데, 우유 대신 설탕을 타거나 단것과 함께 마시는 게 특징이다. 일반적으로 사탕, 쿠키, 바랑키baranki(말랑한 링 모양의 페이스트리), 피로시키pirojki(잼이나 고기를 넣은 파이류) 등을 차와 곁들여 먹는다. 예전 시베리아 쪽에서는 설탕 조각을 입에 물고 진하게 우린 차를 한 모금씩 마시기도 했다. 이런 관습이 후대로 이어져 꿀이나 묽은 잼 한 숟가락을 곁들여 쓰고 강한 차의 맛을 중화시켜 마시는 습관이 유지되고 있다.

러시아 사람들은 차를 매우 뜨거운 상태로 즐겨 마신다. 입김이 얼어붙는 시베리아에서 추위를 이기기 위해 항상 방 안에서 러시아 전통 주전자인 사모바르samovar에 물을 끓이는데, 사모바르 위쪽에 진하게 우린 차를 담은 찻주전자를 올려놓았다가 원할 때 잔에 차를 따른 뒤 끓는 물을 더해 마신다. 시간과 관계없이 하루 10~12잔 정도의 차를 마시는 게 보통이다. 뜨거운 차를 마시면 땀이 송골송골 얼굴을 타고 내리기에, 예전에는 손님

에게 차를 낼 때 땀 닦을 수건을 챙겨 차와 함께 냈다고 한다.
차가 러시아에 소개되기 이전에 슬라브족은 매서운 겨울 추위에 몸을 덥히기 위해 끓는 물에 향신료나 과일 껍질을 넣어 우린 음료를 마셔왔다. 그런 그들에게 뜨거운 물에 찻잎을 우려내는 세련된 차 문화는 반가운 대안이 되어주었다.

따뜻한 음료

러시아 서쪽에서는 홍차를, 동쪽에서는 녹차를 선호한다. 러시아 사람들은 포츠타칸니크 podstakannik(티 글라스 받침이라는 뜻)에 차를 따라 마시는데, 손잡이가 달린 금속 받침이 유리잔을 감싸고 있어 뜨거운 차를 안전하고 편하게 마실 수 있다. 러시아 사람들은 가족과 친구와 함께, 집에서 혹은 티 룸 같은 곳에 가서 하루에도 여러 번 차를 즐겨 마신다.
러시아 시베리아 횡단 열차를 타면 물을 끓이는 주전자 사모바르를 볼 수 있다. 이른 아침부터 밤까지 승객이 차를 마시고 싶을 때 자유롭게 사용할 수 있도록 해놓았다. 검표

승무원이 외국에서 온 여행객에게 '우정의 차' 한 잔을 건네는 모습도 종종 마주친다.
프랑스 작가 테오필 고티에는 1867년 출간한 책《러시아 여행기》에서 배를 타고 러시아를 유람하며 마주친 러시아 사람들의 차에 대한 애착을, 차를 중심으로 돌아가던 선상의 일상과 차를 마실 때만은 계급 상관없이 모두 한자리에 모여 즐기던 순간을 이렇게 묘사했다. "저녁이면 모든 승객에게 차가 제공되었으며, 펄펄 끓는 사모바르는 진하게 우려낸 차 위로 뜨거운 물을 계속 토해냈다. 겉모습은 프랑스 거지꼴에 가까운 러시아 최하층 사람들이 이 섬세하고 향기로운 차를 음미하는 모습을 바라보는 기분이 묘했다. 프랑스에서는 아직 차라는 음료가 사교계 특수 계층이나 누리는 우아한 음료이니 말이다."

차르Tsar의 차

차는 어떻게 이 드넓은 러시아 대륙 전체를 매료시킬 수 있었을까? 러시아에 차를 처음으로 들여온 것은 몽골 사람들이었다. 실크로드를 오가던 몽골인들은 중국 차를 수입하여 러시아에 소개했고, 차는 차르(제정 러시아의 황제)의 지원에 힘입어 17세기부터 러시아 전역으로 퍼져 나갔다.

1638년, 몽골의 군주 알틴을 대신해 러시아를 방문한 몽골의 외교관은 러시아의 차르 미하일 1세에게 65kg의 차가 든 상자를 선물한다. 몽골 왕자에게 검은담비 모피로 만든 귀한 망토를 선물로 보냈던 차르는 기대에 못 미치는 몽골의 답례품에 실망을 표시한다. 이에 몽골 군주 알틴은 러시아 궁으로 서둘러 밀사를 파견해 러시아 차르에게 차 맛을 선보이게 했다. 결과는 대성공이었다. 차르는 단번에 차 맛에 매료되었으며, 러시아 대륙 역시 마찬가지였다. 차에 대한 중국과의 무역 협정은 표트르 대제(1682~1725) 시대에 성사되었는데, '차의 길'이라 불리는 시베리아 길 공사에 착수한 것도 이 시기였다.

차는 그렇게 하여 러시아의 꾸준한 수입 품목이 되었고, 1860년대 들어서는 거래량이 1년 동안 6천 톤에 달했다. 많은 수입량에도 러시아에서 차는 여전히 비싼 소비재였는데, 19세기 들어 흑해와 카스피해 사이의 코카서스산맥에서 러시아가 직접 차 재배를 시작하면서부터는 대중화의 길을 걷게 된다. 홍차를 직접 생산하자 차 가격이 낮아지면서 차는 러시아 대륙의 가장 후미진 곳까지 퍼져 나갈 수 있게 된다. 조지아가 차 생산지로 유명하고 생산량도 꽤 되지만, 러시아 사람들에게 세계적인 수준의 차로 인정받는 차는 아직도 중국 차, 일본 차, 인도 차다.

Maison fondée en 1862
LADURÉE
Paris
Maison fondée en 1862
LADURÉE
Paris
Maison fondée en 1862
LADURÉE
Paris
LADURÉE

Tartare de betterave

비트 타르타르

6인분

준비 시간: 45분
조리 시간: 10분
건조 시간: 2시간 30분

비트 익힌 것 405g
그릭 요구르트 108g
민트 6g
라임즙 1/2개분
참깨 퓌레(타히니 소스) 3g
발사믹 크림 21g
석류 시럽 16g
엑스트라 버진 올리브 오일 25ml
가는 소금 6g

타피오카 칩

타피오카 150g
튀김용 오일, 소금, 후추 약간씩

가니시

라임 1개
코리앤더(어린 잎) 1줌

도구

다용도 강판, 지름 8cm의 원형 틀

타피오카 칩은 하루 전에 만들어 두는 게 좋다.

1. 오븐을 95℃로 예열한다. 스테인리스 볼에 타피오카를 담고 150ml의 물을 붓는다. 최대한 힘껏 섞어 타피오카 볼이 터지게 한다. 블렌더에 돌려 부드러운 반죽 느낌을 얻는다. 시트 팬에 유산지를 깔고 그 위로 타피오카 반죽을 고른 두께로 얇게 펼친다. 그 위를 유산지로 덮은 뒤 오븐에서 10분간 굽는다.

2. 익은 타피오카 반죽을 유산지에서 뗀다. 끈적하게 달라붙으면서 서로 뭉치지 않도록 살살 조심해서 떼어낸다. 그대로 랙에 올린 뒤 65℃ 오븐에 넣어 2시간 30분간 말린다. 잘 마른 타피오카 반죽은 손으로 큼직하게 잘라 180℃ 기름에 튀긴다. 기름에서 꺼내자마자 간한다.

•••

•••

3. 익힌 비트를 강판을 이용해 잘게 간다. 볼에 비트를 담고 민트를 제외한 재료 모두를 넣고 섞어 타르타르를 만든 뒤 간을 맞춘다.

4. 접시 중앙에 원형 틀을 놓고 안쪽을 비트 타르타르로 채운다. 타피오카 칩 2개를 꽂듯이 세우고 잘게 썬 민트, 코리앤더, 라임으로 장식한다.

이 요리에는 라뒤레의 오셀로Othello 티가 잘 어울린다.

셰프의 팁

신선한 비트를 사서 요리할 때는 소금 옷을 입혀 굽기를 권한다. 훨씬 더 진하고 농축된 비트의 맛을 즐길 수 있다. 방법은 간단하다. 굵은 소금으로 비트 전체를 덮어 130℃로 예열한 오븐에서 1시간 30분~2시간 구우면 된다. 오븐에서 꺼내어 30분 정도 충분히 식힌 뒤, 겉에 묻은 소금을 털어내고 비트 껍질을 벗기면 완성.

러시아의 맛

러시안 티Russian Tea라고 하면 보통 레몬과 향신료로 맛을 더해 진하게 우려 겨울철 따뜻하게 즐기는 러시아 스타일의 차를 말한다.

먼 길을 건너온 차

18세기 들어 차 애호가인 서부 유럽 사람들은 러시아를 여행하면서 그곳의 홍차를 맛보게 되었다. 그런데 웬일인지 러시아 차는 그들이 자국에서 일상적으로 마시던 차와 맛이 달랐으며, 차 맛이 한결 좋았다. 그 차이는 차의 운송 방법에서 온 것이었다. 옛날, 러시아까지 중국 차를 들여오는 방법은 시베리아와 우랄산맥을 넘는 낙타 대상을 통해서였고, 그 이동 시간만 6개월이 걸렸다. 하지만 기후가 건조하고 서늘하여 차를 안전하게 수송하기에 좋은 조건이었다. 반면, 서부 유럽으로 중국 차가 넘어오는 방식은 육로가 아닌 바닷길을 통해서였다. 아무래도 습기 많은 선박 짐칸에 차를 실어 오다 보니 차가 눅눅해져 하역해 건조시켜야 상품으로 팔 수 있는 경우도 많았다.

향기로운 음료

러시안 티는 홍차에 시트러스 계열 과일과 스파이스를 넣어 달콤한 맛을 낸 블렌딩 차로, 19세기 유럽에서 큰 인기를 누렸다. 19세기 프랑스 라이프스타일의 전도사로 불리는 스태프 남작부인은 1894년, "세련된 러시아 사람들은 잎차에 사과꽃을 넣어 감미로운 꽃향기와 섬세한 홍차의 맛이 어우러지도록 했다. 취할 만큼 기분 좋은 맛이다"라고 러시안 티를 평했다. 전통적인 러시안 티의 홈 메이드 버전은, 홍차를 우리면서 레몬 제스트와 오렌지 껍질, 베르가모트, 블랙커런트를 더하는 것이다.

Rillettes de saumon et chips de tapioca

연어 리예트와 타피오카 칩

6인분
준비 시간: 45분
조리 시간: 10분

신선한 연어살 250g
훈제 연어 슬라이스 100g
크렘 프레슈(액상) 55g
크림치즈 50g
차이브 1단
갓 짠 레몬즙 50ml
올리브 오일 2작은술
피멍 데스플레트(또는 매운 파프리카 가루) 1꼬집
천일염 1꼬집

타피오카 칩
타피오카 150g
튀김용 오일 약간
소금, 후추 약간씩

1. 타피오카 칩을 만든다(p.182 레서피 참조).

2. 연어 리예트를 만든다. 생연어를 토막 낸 뒤 95℃에서 10분 정도 찐다. 냉장고에 넣어 식힌다.

3. 연어를 찌는 동안 훈제 연어를 손질한다. 검은 부분은 도려낸 뒤 작은 큐브 모양으로 썬다. 차이브는 씻어 물기를 뺀다. 크림은 거품기로 저어 단단한 거품 상태로 만든 뒤 소금과 레몬즙을 섞는다.

4. 연어 찐 것이 식으면 볼에 담아 포크로 살을 으깬다. 훈제 연어, 차이브, 크림치즈, 레몬즙 넣은 크림까지 더해 섞는다. 올리브 오일과 피멍 데스플레트를 넣고 잘 섞어 균질한 질감이 나게 한다. 취향에 맞게 연어 리예트의 간을 맞춘다.

•••

딜 크림(90g)
마스카르포네 치즈 48g
크렘 프레슈(액상) 35g
베이비 시금치 1줌
딜 1/2단
가는 소금 1꼬집

가니시
파슬리(납작하고 어린 잎) 1단
라임 1/2개

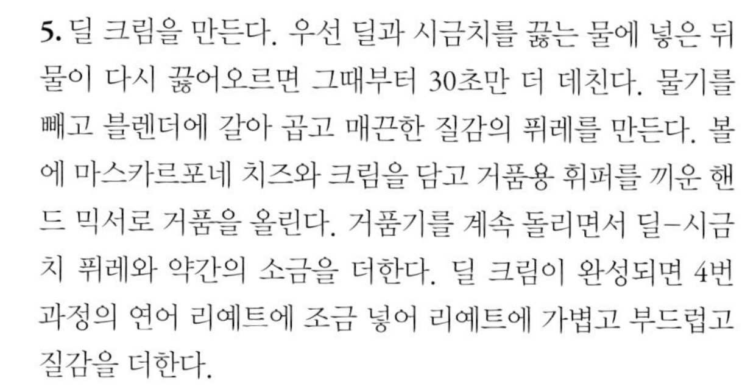
5. 딜 크림을 만든다. 우선 딜과 시금치를 끓는 물에 넣은 뒤 물이 다시 끓어오르면 그때부터 30초만 더 데친다. 물기를 빼고 블렌더에 갈아 곱고 매끈한 질감의 퓌레를 만든다. 볼에 마스카르포네 치즈와 크림을 담고 거품용 휘퍼를 끼운 핸드 믹서로 거품을 올린다. 거품기를 계속 돌리면서 딜-시금치 퓌레와 약간의 소금을 더한다. 딜 크림이 완성되면 4번 과정의 연어 리예트에 조금 넣어 리예트에 가볍고 부드럽고 질감을 더한다.

6. 연어 리예트를 예쁘게 커넬(3면을 가진 타원형)로 만들어 접시에 올린다. 커넬 위로 딜 크림을 올려 장식하고 접시에도 몇몇 곳을 물방울 모양으로 짠다. 타피오카 칩을 딜 크림 위로 꽂듯이 세우고 파슬리와 라임 조각으로 마무리한다.

이 요리에는 라뒤레의 오셀로Othello 티가 잘 어울린다.

Pain perdu

프렌치 토스트

6인분
준비 시간: 25분
조리 시간: 5분
냉장 시간: 8시간

높이 20cm의 브리오슈 무슬린(길쭉한 원통형의 브리오슈)
팬에 두를 버터 약간

반죽 물
크렘 프레슈(액상) 400g
그래뉴당 80g
달걀노른자 2개분
바닐라 빈 1/2꼬투리

1. 반죽 물을 준비한다. 우선 작은 냄비에 크림을 붓고 끓인 뒤 불에서 내린다. 잘 드는 칼로 긁어낸 바닐라 씨와 꼬투리를 모두 넣고 30분 정도 그대로 우러나게 둔다. 바닐라 빈 꼬투리는 건진다.

2. 볼에 달걀 노른자와 설탕을 넣고 색이 연해질 때까지 거품기로 젓는다. 1번 과정의 바닐라 우린 크림을 붓고 고무 스패출러로 잘 섞은 뒤 반죽물을 냉장고에 8시간 둔다.

3. 브리오슈는 작업대나 도마에 놓고 2.5cm 두께로 썬다.

4. 슬라이스한 브리오슈를 2번 과정의 달걀 크림 반죽물에 재빨리 담갔다 빼면서 위아래 면을 골고루 적신다. 뜨겁게 달군 팬에 버터 조각을 녹인 뒤 브리오슈를 올려 양면을 노릇하게 굽는다. 타기 쉬우니 지켜보면서 적절할 때 뒤집어준다. 뜨거울 때 곧바로 먹는다.

•••

로즈 샹티이 크림

크렘 프레슈(액상) 250g
슈거 파우더 20g
장미 시럽 5g

라즈베리 쿨리

신선한 라즈베리 150g(또는 냉동 라즈베리)
그래뉴당 10g(라즈베리가 신맛이 강할 경우에 사용)

이 요리에는 라뒤레의 마틸드Mathilde 티가 잘 어울린다.

장미 프렌치 토스트

색다른 프렌치 토스트를 즐기고 싶다면, 플레인 프렌치 토스트에 로즈 샹티이 크림을 올리고 라즈베리 쿨리를 뿌려 신선한 라즈베리를 올려보자.

1. 볼에 크림, 슈거 파우더, 장미 시럽을 붓고 휘퍼를 끼운 핸드 믹서나 거품기로 거품을 낸다. 크림이 차가울수록 거품이 쉽게 올라온다. 계속 저어 가볍고 부드러운 질감의 샹티이 크림을 만든다. 냉장고에 보관해두었다가 사용할 때 꺼내는 것이 좋다.

2. 쿨리를 만든다. 우선 볼에 라즈베리를 담고 설탕을 층층이 뿌려 잘 섞는다. 고운 체에 거른 뒤 냉장고에 둔다.

그르렁거리는 사모바르

사모바르는 터키나 이란, 아제르바이잔, 모로코에서도 사용되기는 하지만, 오랜 러시아 차 문화를 상징한다.

몽골 주전자에서 영감을 받다

러시아에서 찻물을 끓이는 데 사용하는 주전자가 바로 사모바르다. 사모바르는 18세기 들어 러시아에 처음 등장했으며, 사모바르 제조로 유명한 곳은 모스코바 남쪽에 자리 잡은 툴라Tula였다. 은, 동, 구리로 사모바르를 만들었는데, 제1차 세계대전 이전까지 툴라 장인의 손을 거쳐 생산되는 사모바르의 연간 생산량은 66만 개에 달했다. 그 양이 얼마나 많았는지, 쓸데없는 짓을 하는 이에게 "툴라에 가면서 사모바르를 가져가냐"라는 표현이 있을 정도다.

가정의 중심이자 영혼, 사모바르

사모바르는 기발한 발명품이다. 중심부 열원에 석탄을 넣어 가열하면 그 열기가 긴 수조 속 물을 덥힌다. 꼭대기에는 찻주전자를 얹는 자리가 있어 차를 우려 찻주전자에 담아 올려놓으면 따뜻한 온도로 유지된다. 차는 아주 진하게 우려 나오는데, 농축액에 가깝게 우려내 그것을 찻잔에 부은 뒤, 사모바르 하단에 달린 작은 밸브를 열어 원하는 만큼 끓는 물을 타서 묽게 해 마신다.

사모바르는 러시아 가정의 중심이자 영혼이기도 하다. 체호프의 희곡, 푸시킨과 톨스토이의 소설에서도 자주 등장해 중요한 역할을 한다. 최근에는 전기로 물을 덥히는 사모바르도 나오고 사모바르 자체가 전기 포트로 대체되기도 했지만, 그래도 여전히 사모바르는 러시아식 환대 문화의 상징으로 남아 있다.

Crêpes

크레이프

20장
준비 시간: 20분
조리 시간: 크레이프 1장당 3분
휴지 시간: 최소 1시간

왁스 처리하지 않은 오렌지 1개
박력분 165g
그래뉴당 40g
달걀 4개
전지 우유 500ml
버터 40g + 팬에 두를 버터 20g
식용유 1큰술
럼 1큰술(취향에 따라 첨가)
쿠앵트로 또는 그랑 마니에르 1큰술(취향에 따라 첨가)

1. 오렌지는 강판에 갈아 제스트를 만든다.
밀가루는 체에 내려 큰 볼에 담고 설탕, 오렌지 제스트, 달걀을 더한다. 거품기로 계속 저으면서 우유를 조금씩 부어 덩어리진 곳 없이 매끈한 반죽을 만든다. 작은 냄비에 버터를 서서히 녹여 반죽에 더한다. 식용유도 더해 잘 섞고, 알코올은 취향에 따라 선택해 넣어 반죽을 완성한다.
실온에 최소 1시간 정도 둔다.

2. 달군 팬(코팅된 팬이면 더 좋다)에 키친 타월로 버터를 얇게 입힌다. 국자로 크레이프 1장 분량만큼 반죽을 떠서 팬에 부은 뒤 팬을 살살 기울여가며 반죽을 얇고 고르고 둥글게 편다. 약한 불로 놓고 반죽이 자리 잡을 때까지 한쪽을 구운 뒤(약 1분) 뒤집어서 노릇해지게 마저 굽는다.
구운 크레이프는 겹겹이 포개 두면 촉촉하게 유지된다. 팬 2개를 사용하면 한쪽에서 반죽을 굽는 동안 다른 한쪽에서는 국자로 반죽을 붓는 식으로 하여 작업에 속도를 낼 수 있다.

•••

이 요리에는 라뒤레의 마틸드Mathilde 티가 잘 어울린다.

3. 크레이프에는 설탕을 뿌려도 좋고 잼(설탕이 많이 들어가지 않은 잼)과 녹인 초콜릿, 헤이즐넛 스프레드도 잘 어울린다.

셰프의 팁

크레이프 반죽은 굽기 2시간 전에 준비해 두자. 반죽에 뭉친 곳이 보인다면 거품기로 재빨리 한 번 더 저어 덩어리를 풀어준 뒤 사용하면 된다. 단 거품이 날 정도로 많이 젓는 건 피하자.
크레이프를 미리 구워 놓길 원한다면, 구운 뒤에 하나하나 겹겹이 쌓아 두면 촉촉하게 보관할 수 있으며, 이 경우 실온에 두는 것이 좋다.

Pain d'épice

진저 브레드

8~10인분

준비 시간: 1시간 30분
조리 시간: 55분
휴지 시간: 12시간 + 24시간

아니스 또는 야생 아니스 10g
물 150ml
버터 75g + 팬에 바를 여분의 버터 20g
그래뉴당 100g
밤꿀 100g
왁스 처리하지 않은 오렌지 1개
왁스 처리하지 않은 레몬 1개
호밀 가루 100g
밀가루(중력분) 115g + 팬에 뿌릴 여분의 밀가루 20g
베이킹파우더 1/2봉지
시나몬 파우더 5g
4가지 향신료 파우더 3g
오렌지 콩피 큐브로 썬 것 30g

도구

폭 8cm, 길이 25cm, 높이 8cm의 케이크 팬

1. 식히고 우리는 시간이 필요하다. 1번 과정은 가능하면 하루 전에 미리 만드는 것이 좋다.
냄비에 물 150ml를 붓고 아니스, 버터, 설탕, 꿀을 넣어 끓인다. 불에서 내려 뚜껑을 덮고 2시간 식힌 뒤 체에 거른다. 다음 날까지 실온에 둔다.

2. 다음 날, 버터를 바른 케이크 팬에 케이크가 쉽게 빠질 수 있도록 바닥에 유산지를 깐다. 버터가 굳도록 팬을 냉장고에 10분 정도 넣는다. 꺼내어 곧장 밀가루를 뿌린 뒤 팬을 뒤집어 살살 쳐서 여분의 밀가루를 턴다.

3. 강판에 오렌지와 레몬 제스트를 낸다. 볼에 밀가루와 베이킹파우더, 향신료를 넣는다. 제스트를 더하고 오렌지 콩피 썬 것도 더해 섞는다. 거기에 실온에서 식힌 1번 과정의 시럽을 여러 번에 나누어 천천히 붓는데, 나무주걱으로 계속 저어주어 뭉친 곳 없이 부드럽게 고루 섞인 반죽을 만든다.

•••

●●●

이 요리에는 라뒤레의 주르 드 페트Jour de fête 티가 잘 어울린다.

4. 오븐을 210℃로 예열한다.
케이크 팬에 반죽을 붓는다. 팬 높이에 2cm 못 미치게 채워 넣는다.
오븐에 넣어 10분간 구운 뒤 꺼내어 껍데기가 생긴 윗면을 칼 끝으로 길게 가른다. 곧바로 오븐에 다시 넣고 오븐 온도를 180℃에 맞춰 45분간 더 굽는다. 중간중간 익은 정도를 확인하는데, 뾰족한 칼 끝으로 케이크를 찔러 보아 아무것도 묻어나지 않으면 잘 구운 것이다.

5. 오븐에서 꺼내어 5분 정도 식힌다.
팬에서 빼내어 랙에 올려 완전히 식힌다.

셰프의 팁

향신료 빵이 완성되면 랩으로 잘 싸서 24시간 정도 실온에 두자. 하루 두었다 먹으면 굽자마자 먹는 것보다 훨씬 깊은 맛을 즐길 수 있다.

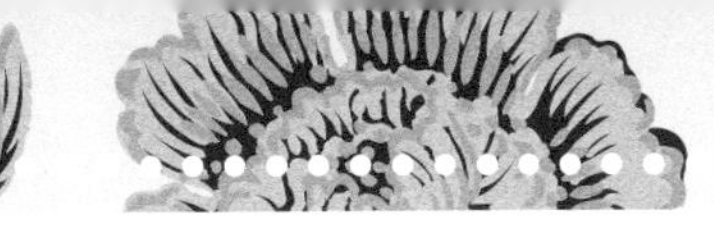

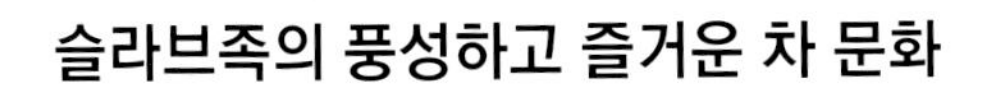

슬라브족의 풍성하고 즐거운 차 문화

선명한 코발트블루 패턴에 황금 세공, 때론 기묘한 동물 문양을 넣은 화려하고 장식적인 러시아의 다기 세트. 그리고 거기에 더해지는 취할 만큼 강렬한 차와 달콤한 먹거리의 만남. 덕분에 러시아의 티 테이블 분위기는 동화 속 한 장면처럼 느껴진다.

로모노소프 자기

러시아의 표트르 대제는 아름다운 유럽산 자기 세트나 정교하고 섬세한 중국 자기에 대적할 만한 러시아산 자기를 원했다. 이에 표트르 대제의 딸 엘리자베타는 황제 자리에 오른 뒤, 1744년에 러시아 왕립 자기 제작소를 상트페테르부르크에 설립했다. 러시아의 과학자 디미트리 비노그라도프(1720~1758)를 고용해 러시아만의 비법으로 최초의 러시아 경질 자기를 개발하는 데에 성공한다. 황실 소유였던 만큼 로마노프 왕가가 사용할 정교한 자기 제품을 생산했는데(특히나 예카테리나 대제가 즐겨 사용했다), 그 우수함이 널리 알려져 러시아 왕립 자기 제작소의 명성은 유럽에 널리 퍼졌다. 그 후 혁명을 거치며 국유화되었으며, 1925년 러시아 과학 아카데미 설립 200주년을 기념하며, 러시아의 학자이자 아카데미 설립자인 미하일 로모노소프의 이름을 따서 '로모노소프 자기 공장'이라는 현재의 이름을 사용하기 시작했다. 이곳 자기의 대표적인 공식 패턴은 코발트 네트 패턴으로, 예카테리나 대제의 명을 받아 특별히 디자인된 것이다. 선명한 코발트블루 패턴에 22캐럿 금으로 정교한 장식을 넣은 티 세트는 지금 봐도 아름답기 그지없다.

러시아의 티 테이블 매너

러시아에서 차를 마실 때만큼은 몸과 마음을 따뜻하게 하는 시간이다. 티 테이블은 눈에도, 입에도 풍족하도록 잔치처럼 차려져 화려함을 더한다. 고급스럽고 선명한 문양에 금선 세공을 넣은 자기 주전자가 여기저기 놓여 있고, 산더미처럼 쌓인 신선한 과일에 달콤한 사탕류와 과자들, 과일 젤리, 버터를 넣은 부드러운 쿠키, 짭조름한 피로시키 파이까지. 러시아 사람들에게 차란 일상에서 빠질 수 없는 유쾌한 잔치다.

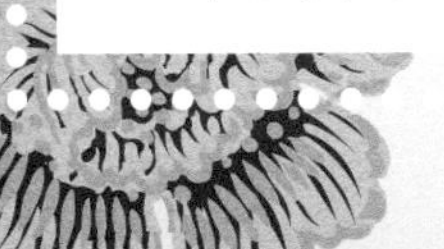

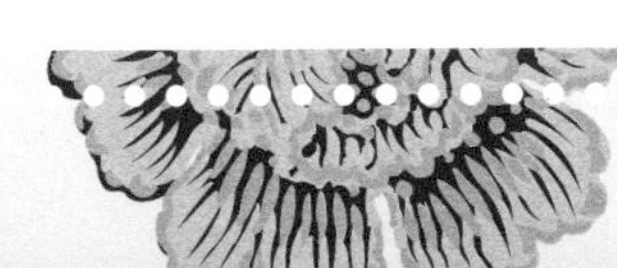

LADUREE

UN THÉ pour voyager

•••

차와 여행

다음 사진은 파리 보나파르트 가에 자리 잡은 라뒤레 보나파르트 살롱의 풍경이다.
인테리어 디자인은 록산느 로드리게즈가 맡았다.

차와 여행

*여행이 없었더라면 차는 지금처럼 세상에 퍼지지 못했을 것이다.
승려, 모험가, 뱃사람, 상인들이 이 여리디여린 찻잎을
세계 곳곳에 퍼뜨리고 전파할 수 있었던 것은
모두 여행을 통해서였다.*

대항해의 시대

차는 중국을 벗어나서는 일본에 먼저 전파되었으며, 불교 승려들이 차를 알리는 데 큰 역할을 했다. 전설에 따르면 4세기에 일본 승려 사이초가 중국에서 차 씨앗을 가져와 일본 열도 남쪽에 심었으며 그곳이 일본 최초의 다원이 되었다.

당시 서양 사람들에게 차나무는 미지의 대상이었다. 이탈리아 베네치아의 탐험가 마르코 폴로(1254~1324)가 서양인으로서는 최초로 차의 쓰임을 관찰하여 자신의 여행기에 기록했다.

유럽은 15세기 대항해 시대에 들어서야 차츰 차 문화가 알려지기 시작했는데, 이는 인도양과 중국해로 진출한 포르투갈과 네덜란드 뱃사람들, 기독교 선교사들 덕분이었다. 그 중 몇몇은 자신의 글을 통해 차의 효능을 전하기도 했다.

중국 차를 배에 실어 최초로 유럽으로 보낸 이는 네덜란드 상인들로, 1610년 네덜란드 동인도회사 상인들은 중국 차를 배에 선적하여 유럽 대도시로 보냈다. 또한 중국 차는 실크로드를 지나는 낙타 대상 무리를 통해 러시아까지 전파된다.

차를 향한 미친 경주

차라는 이국적 음료는 네덜란드, 프랑스, 영국의 왕실과 귀족 계급을 단시간에 매료시킨다. 차 한 모금으로 자신의 거실에 앉아 세계를 맛보고 여행할 수 있다는 점에 사람들은 황홀해 했다.

비싼 가격에도 암스테르담, 런던, 파리에서 차에 대한 소비는 빠르게 증가했으며, 차에 대한 경쟁이 심화되어 마침내 차 무역이 세계 경제를 뒤흔들기에 이른다. 차 무역 패권을 건 무역 전쟁이 연이어 벌어졌으며, 결국 영국이 중국 차 거래에 대한 독점권을 차지하게 된다. 영국이 매기는 차에 대한 세금은 끝 모르고 치솟았으며, 그만큼 밀수입자의 불법 거래 또한 증가했다.

18세기는 유럽에서 중국까지 가려면 10개월은 배를 타고 가야 하는 시절이었다. 1830년 들어 바닥이 유선형으로 된 쾌속 범선이 미국에 등장하는데, 종전의 2~3배 속도를 내는 쾌속 범선 덕에 물류 이동과 운송은 혁신을 맞는다.

당시 쾌속 범선 상선의 선장들은 '차 경주'라 부르며 봄철 차 수확기에 거둔 첫 차를 배에 실어 런던까지 곧바로 이송하는 데에 열중했는데, 운반 기간은 3개월 정도면 충분했다고 한다.

1870년에는 증기선이 등장한다. 쾌속 범선보다 속도가 더 빠르지는 않아도, 더 견고한 것은 확실했다. 증기선이 등장하기 1년 전에 완공된 수에즈 운하를 운반 통로로 이용하면서 차 경주는 속도까지 단축하기에 이른다.

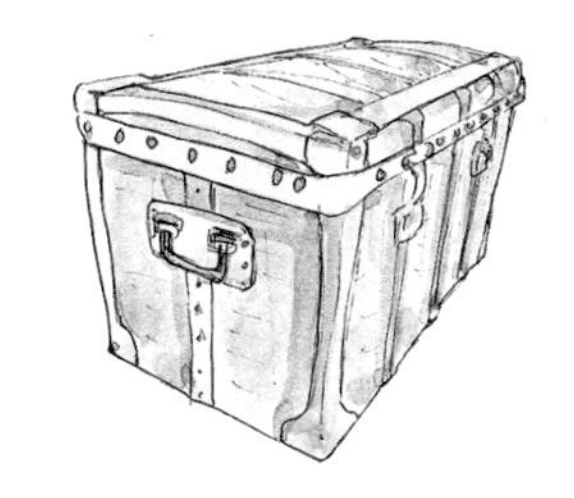

차와 함께 세계 일주를

유럽 사람들이 차에 심취하면서 중국과 일본 외에도 차를 재배하는 지역이 늘어난다. 네덜란드는 17세기 말에 인도네시아에 차 재배 농장을 열었으며, 19세기 들어서는 영국이 인도와 실론 섬에 차 재배를 시작한다. 남아프리카의 말라위, 우간다, 카메룬 그리고 현재 세계 네 번째 차 생산국으로 꼽히는 케냐는 식민지 시절에 차 재배에 박차를 가했던 지역이다.

북아프리카의 차 문화는 조금 다른 길을 거쳤는데, 그 지역에서 민트 티가 워낙 유명해 그 전통이 오래되었을 것 같지만, 실상은 19세기부터다. 그보다 3세기 앞선 술탄 물레이 이스마일 시절에 모로코에 중국 차가 소개되긴 했으나, 널리 퍼져 나가진 않고 궁전에서만 소비되었다.

영국이 아프리카 차 소비에도 개입했다. 크림전쟁으로 발틱해가 봉쇄되어 발트 3국으로 가는 길이 막히자 동인도회사는 과잉 공급된 차를 탕헤르와 모가도르(현재 명칭은 에사우이라) 교역소를 통해 마그레브에서 팔아치우기로 결정한다. 북아프리카는 워낙 민트 잎을 우려 마시던 문화가 있던 곳이기도 했고, 녹차가 민트 티가 주는 거친 맛을 누그러뜨리는 효과가 있자 영국이 판매하는 차는 그곳 문화에 이질감 없이 빠른 속도로 흡수된다. 그렇게 반세기 만에 차는 모로코와 사하라 사막 지역까지 완전히 사로잡게 된다.

LADURÉE
Thé Vanille
LADURÉE
Thé Ceylan
LADURÉE
Thé Mille et Une Nuits
LADURÉE
Thé Fleur d'Oranger

Croustillants à l'orientale

병아리콩 튀김, 팔라펠

6인분
준비 시간: 45분
조리 시간: 15분

팔라펠
볶은 병아리콩 가루 150g
전지 우유 500ml
가염 버터 100g
간장 50ml
참기름 100ml
코리앤더 20g
펜넬 파우더 5g
큐민 파우더 2g
가는 소금 2꼬집
튀김용 기름 적당량

빵가루
중력분 250g
달걀 2개
습식 빵가루 200g

1. 프로마주 블랑은 하루 전 거즈 위에 올려 물기를 빼두는 것이 좋다.

2. 병아리콩 가루와 우유는 골고루 힘차게 섞어 덩어리진 곳이 없게 푼다. 냄비에 담아 약한 불에 15분 정도 데운다.

3. 불에서 내려 버터, 간장, 펜넬 파우더, 참기름, 잘게 썬 코리앤더, 큐민 파우더, 소금을 더한 뒤 잘 섞어 팔라펠 반죽을 만든다. 높이가 있는 시트 팬을 준비해 반죽을 넓게 펼치고 랩으로 표면을 덮어 식힌다. 반죽이 식으면 숟가락으로 동그란 팔라펠 모양으로 만든다.

4. 튀길 준비를 한다. 밀가루–달걀–빵가루 순으로 굴려 튀김옷을 입힌다. 한 번 더 튀김옷을 입히는데, 이번에는 달걀과 빵가루만 입힌다. 튀길 때까지 선선한 곳에 잠시 둔다.

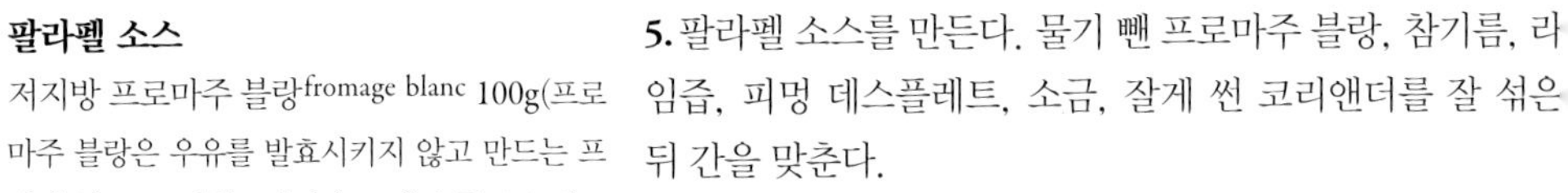

팔라펠 소스

저지방 프로마주 블랑fromage blanc 100g(프로마주 블랑은 우유를 발효시키지 않고 만드는 프레시 치즈로, 사워크림이나 그릭 요구르트 정도의 농도를 지닌다)
참기름 50ml
코리앤더 잎 5줄기분
라임즙 1/2분
피멍 데스플레트(또는 매운 파프리카 가루) 2꼬집
가는 소금 약간

가니시

로메인 1/2개

도구

튀김기

이 요리에는 라뒤레의 실란Ceylan 티가 잘 어울린다.

5. 팔라펠 소스를 만든다. 물기 뺀 프로마주 블랑, 참기름, 라임즙, 피멍 데스플레트, 소금, 잘게 썬 코리앤더를 잘 섞은 뒤 간을 맞춘다.

6. 기름 온도가 180℃가 되면 팔라펠을 튀긴다. 모든 면이 잘 익어 갈색이 돌면 건져서 키친 타월에 올려 놓고 기름기를 뺀다. 소스를 넉넉히 두른 접시에 완성된 팔라펠을 올리고 로메인 잎을 곁들인다.

차 보관 방법

말린 차의 수분 함유량은 최대 3~4%다. 눈으로만 보면 깡통 속에 담긴 차는 영원히 변치 않을 것처럼 보인다. 하지만 방심은 금물. 변치 않는 차란 없다.

불변의 차는 없음을

차는 잘못 보관하거나 방치하면 차의 진정한 맛을 잃어버린다. 그러므로 차의 적절한 보관 요령을 알고 지키는 것이 중요하다. 차는 매우 예민한 존재다. 차의 적이라고 할 수 있는 직사광선, 열기, 습기, 공기로부터 보호해야 하며, 그러기 위해서는 차를 불투명 용기에 담아 밀봉 보관해야 한다. 빛과 열기는 찻잎을 마르게 하여 불안정한 색과 향 분자를 날려 버리기 때문이다. 차는 맛의 균형을 위해 적당한 선에서 의도적으로 발효를 중단시켜 만든 결과물이다. 그러므로 차를 공기 중에 노출하면 원치 않는 산화가 일어나 차의 향기가 변하고 희미해진다. 차는 주위의 습기나 냄새를 잘 흡착하는 성질이 있으니 보관 시 주의해야 한다.

신선한 차와 숙성된 차

세월과 함께 맛이 더 좋아지는 차가 있다. 세상에 단 한 종류밖에 없는데, 미생물로 발효시키는 보이차가 바로 그것이다. 보이차는 향기와 맛은 순하고 부드러우며 세월이 갈수록 그 향과 맛이 깊어진다. 그 외의 모든 차는 시간과 함께 노화하고 변질된다. 그중 특히 빨리 변질되는 차가 녹차다. 녹차는 신선할 때 얼른 소비하는 것이 좋다. 그다음으로는 봄에 첫 수확한 다르질링과 산화를 약하게 시킨 반발효차가 변질하기가 쉽다. 정리하자면 산화(발효)를 많이 시킨 차일수록 보관이 쉽고 오래간다.

Tranches d'avocat

아보카도 슬라이스

6인분
준비 시간: 30분

아보카도 3개
김 3장
참기름 50ml
갈색 아마씨 20g
황금색 아마씨 20g
라임즙 1/2개분
자색 시소 1줌
캉파뉴(또는 사워도우) 2조각
올리브 오일 약간
피멍 데스플레트(또는 매운 파프리카 가루),
천일염 약간씩

이 요리에는 라뒤레의 밀 에 윈 뉘Mille et une nuit나 실란Ceylan 티가 잘 어울린다.

1. 아보카도는 칼로 반을 갈라 씨를 빼낸다. 숟가락을 껍질 안쪽을 따라 부드럽게 돌려 과육을 온전한 모양으로 파낸 다음 작게 조각 낸다.

2. 올리브 오일을 약간 두른 달군 팬에 2종류의 아마씨를 볶는다. 캉파뉴 빵은 오븐에 넣어 바삭하게 말린 뒤 바스러뜨려 가루로 만든다.

3. 김은 돌돌 말아 가위로 아주 가늘게 자른다. 접시 중앙에 참기름을 조금 두르고 라임즙도 약간 더한다. 그 위로 아보카도 조각을 동그랗게 올리고 볶은 아마씨와 빵가루를 흩뿌린다. 천일염과 피멍 데스플레트로 간을 맞춘다. 자른 김을 흩뿌리고 시소 잎으로 장식한다.

Pains roulés aux raisins et à la cannelle

시나몬 건포도 롤

15개
준비 시간: 2시간
조리 시간: 20~30분
휴지 시간: 4시간 30분~5시간 30분

중력분 500g
물 180ml
실온에 둔 무염 버터 200g
달걀 4개
그래뉴당 35g
분유 25g
생이스트 38g
천일염 6g

건포도 시나몬 크림 소
페이스트리 크림 125g(p.302 레서피 참조)
물 500ml
실온에 둔 무염 버터 50g
아몬드 파우더 100g
시나몬 파우더 15g
황금색 건포도 150g

도구
제과용 반죽기(스탠드 믹서)

1. 반죽을 만든다. 먼저 제과용 반죽기에 반죽용 후크를 끼운 뒤 전용 볼에 밀가루, 설탕, 분유, 소금을 넣고 반죽한다. 물 180ml에 풀어 둔 생이스트를 더하고 반죽기를 3~4분간 더 돌린다. 달걀을 하나씩 첨가하면서 반죽이 부드러워지고 볼에 달라붙지 않을 때까지 반죽기를 충분히 돌린다.

반죽을 모아 동그란 공 모양으로 만든 뒤 볼에 넣고 랩으로 덮어 실온에(히터 옆이나 따뜻한 방에 두면 더욱 좋다) 1~2시간 두어 1차 발효시킨다. 2배로 부풀어 오르기를 기다린다.

2. 1차 발효가 이뤄지는 동안, 페이스트리 크림을 만든다. 거기에 건포도 시나몬 크림 소 재료를 모두 더한다. 먼저 물 500ml를 끓여 건포도에 붓고 30분 정도 부드럽게 불린 뒤 물기를 뺀다. 페이스트리 크림을 거품기로 저어 매끈하게 만든 뒤 실온 버터를 더해 매끄럽게 윤기를 낸다. 아몬드 가루, 시나몬 가루도 더해 섞고, 마지막으로 불린 건포도를 살살 더해 섞는다.

•••

•••

3. 발효시킨 반죽을 꺼낸 뒤 재빨리 손으로 반죽한다. 두께 5mm의 커다란 직사각형이 되게 펼쳐 민다. 손가락으로 뭉갠 녹진하고 부드러운 버터를 펼친 반죽의 2/3에 바른다. 편지지 접듯 3등분 해 안으로 겹쳐 접는데, 먼저 한쪽을 중앙을 향해 접고, 나머지 한쪽을 2겹이 된 곳 위로 겹쳐 접는다. 냉장고에 30분 넣어둔다. 꺼내어 다시 반죽을 펼치고 버터를 바른 뒤 3등분으로 접는 과정을 반복한다. 냉장고에 다시 넣어 1시간 휴지시킨다.

4. 반죽을 꺼내 세로보다 가로가 더 긴, 두께 5mm의 직사각형으로 펼쳐 민다. 펼친 반죽 위 전체에 건포도 시나몬 크림 소를 넉넉히 올려 덮는데, 위쪽 1cm만 비워 두고 소를 덮는다. 몸 앞쪽에서 먼 쪽으로 말아가며 롤을 만드는데, 너무 세게 조이지 말고 살살 말아준다. 소를 채우지 않은 가장자리에는 약간의 물을 바르고 살짝 눌러 잘 달라붙게 한다. 그대로 냉장고에 1시간 넣어 휴지시킨다.

5. 시나몬 롤 반죽을 꺼내 두께 3cm로 자른 뒤 유산지를 깐 시트 팬 위에 사이사이 간격을 띄워 놓는다. 히터나 따뜻한 방에 1시간 정도 두어 발효시킨다.

6. 오븐을 180℃로 예열한다. 시나몬 롤을 올린 시트 팬을 오븐에 넣어 옅은 갈색이 돌 때까지 20~30분간 굽는다.

이 요리에는 라뒤레의 바닐라Vanille 티가 잘 어울린다.

홍차와 녹차,
같은 건가요? 다른 건가요?

오랫동안 유럽 사람들은 홍차용 나무와 녹차용 나무가 따로 있다고 여겨 왔다. 과연 홍차와 녹차의 공통점은 무엇일까?

식물학자의 궁금증

스코틀랜드의 식물학자 로버트 포천(1812~1880)은 인도의 차 재배 역사를 말할 때 빼놓을 수 없는 인물이다. 그는 중국 차 재배 농장에 잠입하여 차나무와 재배법을 훔쳐 나온 원예 스파이로서 잘 알려져 있다. 그의 고백에 따르면 다음의 궁금증을 확인하고 싶어서였다고 한다. "이번에 푸저우를 방문하는 목적은 그쪽 재배 농장에 들어가 홍차와 녹차가 같은 나무의 잎으로 만든다는 확실한 물적 증거를 찾고 싶어서다. 심적으로는 확신하고 있지만, 이번에 가서 내 눈으로 증거를 찾고 싶다." 포천은 카멜리아 시네시스(차나무의 학명)라는 종명을 가진 한 종류의 차나무에서 얻은 찻잎이, 처리하는 방식에 따라 얼마나 다른 색과 맛을 낼 수 있는지를 관찰했다.

좀 더 늦게 유럽에 알려진 녹차

찻잎이 어떤 과정을 거쳐 차로 만드는지 그 제조 방식에 대해 알지 못했던 서양 사람들이 실제로 먼저 마시게 된 것은 홍차였다. 녹차가 먼저 전해졌을 수 있겠으나, 아마도 길고 험한 바닷길 여정에 잎이 변질되어 즐겨 마실 맛이 아니라고 여겼을 수도 있고, 혹은 무역 상인들 생각에 녹차보다는 아무래도 산화를 많이 시킨 홍차가 몇 달에 걸친 배 운반을 잘 견딜 거라 여겼을지도 모르겠다.

Bostocks

보스톡

8개
준비 시간: 50분
조리 시간: 12분

높이 20cm의 브리오슈 무슬린(원통형 브리오슈)
숙성시킨 다크 럼 약간

시럽
물 200ml
그래뉴당 300g
아몬드 가루 30g
오렌지 플라워 워터 200ml

아몬드 크림
무염 버터 180g
슈거 파우더 200g + 마무리 장식용 20g
아몬드 가루 200g
옥수수 전분 16g
달걀 2개
아몬드 슬라이스 50g

도구
지름 10mm 깍지를 끼운 짜주머니

1. 시럽을 만든다. 먼저 냄비에 물과 설탕을 넣어 끓인다. 불에서 내려 아몬드 가루를 넣어 섞은 뒤 식힌다. 오렌지 플라워 워터를 넣어 향기를 더해 시럽을 완성한다.

2. 아몬드 크림을 만든다. 먼저 냄비에 버터를 넣고 중탕해 녹이는데, 버터를 작게 썰어 내열 용기에 담은 뒤 물이 가볍게 끓고 있는 냄비에 넣어 중탕한다. 포마드 정도의 부드러운 질감이 될 때까지 녹이는데, 물처럼 흐르는 상태가 되지 않도록 주의한다.
다음 재료를 버터에 순서대로 넣는데, 하나씩 더할 때마다 고루 잘 섞은 뒤 다음 재료로 넘어간다. 슈거 파우더, 아몬드 가루, 옥수수 전분, 달걀 순으로 버터에 잘 섞어 아몬드 크림을 완성한 뒤, 기본 깍지를 끼운 짜주머니에 옮겨 담는다.

3. 오븐을 170℃로 예열한다. 브리오슈는 2.5cm 두께로 8조각 낸다. 시럽은 데워 큰 볼에 붓는다. 브리오슈를 한 번에 1조각씩 따뜻한 시럽에 담갔다 꺼낸 뒤 랙에 올려 여분의 시럽이 떨어지게 한다. 브리오슈에 럼을 소량씩 뿌려준다.

•••

이 요리에는 라뒤레의 플뢰르 도랑제Fleur d'Oranger 티가 잘 어울린다.

4. 각각의 브리오슈 윗면에 짜주머니에 든 아몬드 크림을 짜서 2mm 두께로 얇게 덮는다. 크림 위에 아몬드 슬라이스를 뿌린다.
유산지를 깐 시트 팬에 보스톡을 올려 오븐에서 12분 정도 굽는다. 완전히 식힌 후 슈거 파우더를 뿌려 마무리한다.

셰프의 팁

브리오슈가 눅눅할수록 시럽을 더 잘 빨아들이므로 하루 이틀 지난 브리오슈를 사용하면 좋다. 시럽을 묻히는 방법은 프렌치 토스트(p.190)를 만드는 방법과 같다.

Palmiers

팔미에

10개
준비 시간: 2시간
조리 시간: 15~20분
휴지 시간: 8시간 50분

밀가루 반죽
중력분 290g
물 200ml
버터 375g
식초 1큰술
소금 10g

버터-밀가루
중력분 150g
버터 60g
그래뉴당 100g

도구
제과용 반죽기
랩
밀대

밀가루 반죽

1. 반죽을 만든다. 먼저 제과용 반죽기에 반죽용 후크를 끼운다. 전용 볼에 물 200ml, 식초, 소금을 넣어 녹인 뒤, 밀가루와 액체 상태로 녹여 식힌 버터를 더한다. 저속으로 반죽기를 돌려 반죽이 부드럽고 균질한 느낌이 들 때까지 반죽한다. 반죽을 모아 랩으로 싸서 냉장고에 2시간 넣는다.

버터-밀가루

2. 나뭇잎 모양 플랫 혼합용 날을 반죽기에 끼운다. 전용 볼에 작은 조각으로 썬 버터와 밀가루를 담고 저속으로 돌려 밀가루와 버터가 하나가 되면서 균질한 느낌이 나게 한다. 랩으로 싸서 냉장고에 최소 2시간 이상 넣는다.

3. 작업대에 밀가루를 뿌린 뒤 1번 과정의 밀가루 반죽을 밀대로 밀어 자그마한 직사각형으로 펼친다. 옆 작업대에 밀가루를 뿌린 뒤 이번에는 2번 과정의 버터-밀가루 반죽을 밀대로 펼치는데, 좀 전 사각형보다 2배 큰 직사각형으로 만든다. 크기가 큰 버터-밀가루 반죽 위로 작은 밀가루 반죽을 올린 뒤 여분 모서리를 접어 안쪽 반죽을 완전히 덮어준다. 이음새 부분을 손으로 잘 눌러 붙인다. 랩으로 잘 싸서 냉장고에 최소 1시간 이상 넣어 둔다.

4. 작업대에 새로 밀가루를 뿌린 뒤 냉장고에서 반죽을 꺼내 세로보다 가로가 더 긴, 두께 7~8mm의 사각형으로 민다.

페이스트리 접기

5. 편지지 접듯 반죽을 3등분 하여 안으로 겹쳐 접는다. 먼저 한쪽을 중앙을 향해 접고, 나머지 한쪽을 2겹이 된 위로 겹쳐 접은 뒤 반죽을 오른쪽으로 90도 회전시킨다. 반죽을 접은 방향과 회전시킨 방향을 잘 기억하며 진행해야 한다. 페이스트리 만들기가 성공하느냐 마느냐가 달린 중요한 과정이다.

6. 한 번 더 반복한다. 사각형 반죽을 펼쳐 밀고, 3등분으로 겹쳐 접고 전과 같은 방향으로 90℃ 회전시킨다. 랩으로 싸서 냉장고에 최소한 1시간 30분 넣어둔다. 여기까지가 2회 회전시킨 상태다.

이 요리에는 라뒤레의 바닐라Vanille 티가 잘 어울린다.

7. 3등분 해 접을 때마다 이전과 같은 방향으로 반죽을 90도씩 회전시키는 것을 신경 쓰면서 5번, 6번 과정을 반복한다. 랩으로 싸서 최소 2시간 이상 냉장고에서 휴지시킨다.

팔미에

8. 페이스트리 반죽을 냉장고에서 꺼내 두께 5mm의 직사각형으로 민다. 반죽 위로 설탕을 고루 뿌린 뒤 설탕이 잘 달라붙도록 손으로 살살 눌러준다.

9. 양쪽 모서리에서 중앙을 향해 롤을 만들어 굴리는데, 중앙에서 같은 크기로 만나게 하여 팔미에 모양을 만든다. 냉장고에 20분 정도 넣어 모양이 잡히게 둔다.

10. 오븐을 180℃로 예열한다. 잘 드는 칼로 반죽을 두께 1cm가 넘지 않게 자른다. 유산지를 깐 시트 팬에 팔미에를 올린다. 사이사이에 널찍한 간격을 둔다. 오븐에서 고운 황금빛이 돌 때까지 15~20분간 굽는다.

Sablés noisette et cannelle

헤이즐넛 시나몬 사블레

25~30개
준비 시간: 35분
조리 시간: 15분
휴지 시간: 최소 2시간

박력분 170g + 작업대에 뿌릴 여분의 밀가루 20g
버터 150g
헤이즐넛 파우더 120g
구워 부순 헤이즐넛 50g
슈거 파우더 40g
달걀 1개
시나몬 파우더 1꼬집
천일염 1꼬집

도구
지름 6cm 원형 커터

반죽은 전날 만들어 휴지시키면 반죽을 밀기가 쉬워진다.

1. 버터는 작게 썰어 큰 볼에 담은 뒤 잘 저어 뭉친 부분이 없도록 크림 상태로 푼다. 다음 재료들을 버터에 순서대로 더하는데, 하나씩 넣을 때마다 고루 잘 섞은 뒤 다음 재료로 넘어간다. 천일염, 시나몬 파우더, 슈거 파우더, 헤이즐넛 파우더, 구운 헤이즐넛, 달걀, 밀가루 순으로 넣는다.

제과용 반죽기가 있다면 전용 볼에 나뭇잎 모양 플랫 혼합용 날을 끼워 재료들이 뭉쳐지며 하나의 덩어리를 이루는 느낌이 들 때까지 섞는다. 지나친 반죽은 피해야 완성되었을 때 바사삭 부서지는 사블레다운 식감과 질감을 얻을 수 있다.

2. 반죽은 둥글게 만들어 랩으로 싼다. 냉장고에 몇 시간 (최소 2시간) 둔다. 가능하면 12시간 휴지시킬 수 있도록 하루 전에 반죽을 만드는 것이 좋다. 그래야 반죽을 밀기가 쉽다.

•••

이 요리에는 라뒤레의 밀 에 윈 뉘Mille et une nuit 티가 잘 어울린다.

•••

3. 오븐을 160℃로 예열한다.
작업대에 약간의 밀가루를 뿌리고 밀대로 반죽을 2mm 두께로 민다.
원형 커터를 이용해 버리는 반죽이 없도록 알뜰히 자른다.
유산지를 깐 시트 팬에 사블레를 엇갈리게 줄을 맞춰 배치한다.
오븐에 넣어 노릇해질 때까지 15분 구운 뒤 완전히 식힌다.

셰프의 팁

완성된 사블레 비스킷은 밀폐 용기에 담아 시원하고 건조한 곳에 보관한다. 헤이즐넛 시나몬 사블레 대신 아몬드 아니스 사블레를 만들고 싶다면 헤이즐넛의 양 그대로를 아몬드로 대체하고, 시나몬 파우더의 양은 반으로 줄여 그린 아니스 파우더로 대체하면 된다.

훈연 차

훈연 차는 어떻게 탄생하게 되었을까? 우연한 발견일까 아니면 기발한 묘안이었을까? 어찌 됐든 결과는 유럽이 사랑해 마지않는 별미 차가 탄생했다는 것.

우연의 결과

차를 훈연한다고? 연어를 훈연하는 과정을 떠올리면 이해하기가 쉽다. 소나무의 잎, 뿌리, 가지에 불을 붙여 연기가 나면 커다란 망이나 대나무 바구니 위에 홍차 잎을 펼쳐 연기 위로 올려놓고 찻잎에 연기를 쐬며 건조시킨다. 이러한 훈연 차는 차 제조 과정에서 만나게 된 우연의 결과로, 이런 일화가 전해진다. 1820년 중국의 어느 마을, 전쟁으로 논밭 모두를 군대에 징발당하게 된 한 농부가 수확물까지는 뺏기지 않겠다는 마음에 소나무에 불을 지펴 아직 축축한 찻잎을 그 위로 늘어놓아 급히 건조시켰다고 한다. 그 덕분에 차를 몰래 숨길 수 있었다. 이렇게 만든 차는 송연 향, 즉 소나무가 주는 독특한 훈연 향을 입게 되었는데, 뜻밖에도 유럽에 차를 판매하는 상인의 입맛을 매료시켰고 그렇게 유럽에서 큰 성공을 거두게 되었다는 이야기다.

아시아 스타일보다는 유럽 스타일

세계적으로 이름난 훈연 차, 랍상 소총에 얽힌 이런 얘기도 있다. 어느 중국 차 생산자가 영국에 납품하기로 한 기일을 맞추지 못하게 되자, 차를 급히 말리기 위해 불을 피워 연기를 쐬게 되었다는 이야기다. 유럽에서는 랍상 소총보다도 훈연 향이 더 강렬한 테리 소총Tarry Souchong을 비롯해 맛 좋은 향기를 입힌 다양한 훈연 차가 큰 인기를 누리고 있다. 반면 아시아에서는 기본적인 제다법을 통해 발현되는 자연스러운 차 향을 즐기는 경우가 많지, 훈연 향 등 특별히 향을 입힌 차는 좀처럼 즐기질 않는 편이다.

LADURÉE

UN THÉ pour s'aimer

...

사랑을 위한 티

사랑을 위한 티

1800년대 빅토리아 여왕 시절에 영국 총리를 지낸 윌리엄 글래드스톤. 차에 대한 각별한 애정을 지녔던 그는 "사랑과 스캔들은 차를 더 맛있게 만드는 최고의 감미료"라는 말을 남겼다. 이 말은 세월이 흘러도 여전히 통한다.

두 사람을 위한 티

미국 영화배우 도리스 데이는 데이비드 버틀러 감독의 영화 〈티포투Tea for Two〉에서 동명 제목의 'Tea for Two(두 사람을 위한 티)'라는 노래를 불렀다. 연인들에게 행복의 시간을 선사하는 차에 대한 찬가였다. 후렴구에 등장하는 연애 초기의 신선한 두근거림과 행복의 감상에 대한 묘사 덕분에 이 노래는 세월을 거쳐 수차례 리메이크되었는데, 그중 프랭크 시나트라와 엘라 피츠제럴드가 부른 버전이 가장 유명하다. 후렴구의 가사처럼 세상에 둘밖에 없다고 느껴지는 공간에서 연인의 무릎 위에 앉아 둘을 위해 준비한 차를 나눠 마신다. 연인들에게 이보다 더 아늑한 행복이 어디 또 있을까?

사랑 이야기를 들여다보면 차는 언제나 적절한 알리바이로 작용하고 사용된다. 빈센트 미넬리 감독의 1956년 작 〈차와 공감Tea and Sympathy〉의 극중 인물 대사를 살펴보자. "차를 마시며 공감을 나누는 것은 문제될 게 없다. 하지만 그 순수한 의도와 달리 차를 함께 마신다는 행위에는 이미 공모의 요소가 내재해 있기에 한 잔 두 잔 마시다 보면 마음이 어디로 끌려갈지 모른다는 게 문제다."

20세기 중반 미국 할리우드에서는 극중 차 마시는 장면을 도구로 사용하여 검열을 교묘하게 피해 갔다. 차 테이블과 찻잔 장면 너머로 관객들은 더 많은 것을 상상할 수 있었다.

LADURÉE
Thé Vénus
LADURÉE
Thé Chéri

사랑의 묘약

차를 마시는 일이 사교상의 관례이던 시절에 차는 유혹의 게임이 되기도 했고, 감정이 생기고 깊어지게 만드는 완벽한 시나리오가 되어주기도 했다. 그렇기에 그리도 많은 작가들이 차에 얽힌 감정의 흐름을 작품 속에 담아내려 했으리라.

마르셀 프루스트의 소설 《잃어버린 시간을 찾아서》의 1권 《스완네 집 쪽으로》(1913)와 알베르 코앵의 소설 《영주의 애인》(1968)에는 차를 내리고 마시는 순수한 행위를 빌어 펼쳐지는 주인공들의 감정의 변화와 고조가 흥미롭게 묘사되어 있다. 우선 《스완네 집 쪽으로》를 보면 서로를 향한 관심을 눈치채고 마음이 움직인 스완과 오데트는 함께 차를 마시며 교감을 나눈다. 오데트가 스완에게 차를 따라주며 묻는다. "레몬이랑 크림 중에 뭘 넣을래요?" "크림"이라고 스완이 답하자 오데트는 웃으며 "아, 구름을 넣겠다고요?"라고 되묻는다. 스완이 그 표현을 마음에 들어하자 오데트는 "거봐요. 당신이 뭘 좋아하는지 내가 다 안다니까요"라고 덧붙인다. 그날의 차는 둘에게 무척이나 소중한 것이었다. 마차를 타고 돌아가는 내내, 그날 오후가 선사해준 설렘과 기쁨을 억누를 길이 없던 스완은 "아, 이런 사람과 함께 있으면서 그 귀하고 맛난 차를 함께할 수 있다면 너무 좋을 텐데" 하고 수없이 되뇐다.

우유? 아니면 레몬?

알베르 코앵의 《영주의 연인》에서는 아리안과 소랄 두 사람 사이의 감정이 구체화되는 순간에 차가 등장한다.

– 떨리는 입술로 그녀는 그에게 "차 한 잔 드릴까요?"라고 묻는다. 그가 무표정으로 그러겠다고 하자, 어색해져 볼이 달아오른 그녀는 차를 엎지르고 만다. 찻잔을 벗어나 찻잔 받침과 탁자까지 엎질러진 차. 죄송하다고 말하며 그녀는 한 손으로는 우유가 담긴 작

은 주전자를 밀고 다른 한 손으로는 동그랗게 자른 레몬 조각이 올려진 접시를 내민다. "우유를 넣으실래요, 아니면 레몬?" 그녀가 묻자 그가 소리 내어 웃는다. 그런 그를 그녀가 감히 바라본다. 다시 한 번 미소를 띠는 그에게 그녀가 두 손을 내밀고, 그 손을 잡은 그가 그녀 앞에 무릎을 꿇는다. 그녀 역시 그 앞에 무릎을 꿇는다. 우아하게 무릎을 굽히려던 그녀는 찻주전자와 찻잔과 우유 주전자에 레몬까지, 모두를 엎어버리고 만다. -《영주의 애인》 중에서

내 찻잔 속의 추억

차는 황홀한 사랑의 묘약이자 감정의 응집체로, 수많은 작가에게 영감을 주었다. 그중 차 하면 가장 먼저 떠오르는 작가가 있다. 프랑스의 소설가 마르셀 프루스트. 그는 차에 적신 마들렌 한 조각에서 옛 기억을 되살린다.

-마들렌 조각을 담가 축축이 적신 차를 한 숟가락 떠서 입술로 가져간다. 마들렌 부스러기가 섞인 차 한 모금이 입천장에 가 닿는 순간, 불현듯 그 어떤 전율이 온몸에 퍼진다. 내 안에서 벌어지는 오묘한 변화에 온 신경을 모아본다. -《스완네 집 쪽으로》 중에서

차를 마시며 되살아나는 지난 시간에 대한 기억. 프루스트는 차라는 존재가 지닌 가장 마땅하고 감동적인 환기력을 통해 차의 맛과 향기는 추억이라는 거대한 건축물로 가는 유일한 매개체라는 사실을 전하는 데에 성공했으며, 그것을 통해 자신의 절대적인 천재성을 세상에 보여주었다.

- …그것을 깨닫는 순간, 콩브레와 그 주변 풍경이 또렷해지고 견고해지면서, 그렇게 마을과 정원의 모습으로 내 찻잔에서 튀어나왔다.-

Cœur de saumon

연어 필레

6인분
준비 시간: 30분
휴지 시간: 20분
조리 시간: 15분

훈제한 연어 필레 450g
자색 버터플라이 소렐 1줌
라임 1개

블리니 반죽(작은 블리니 30개 또는 큰 블리니로는 12개)
중력분 125g
박력분 125g
블론드 에일 또는 골든 에일 330ml
달걀흰자 1개분
가는 소금 1꼬집

딜 크림(50g)
마스카르포네 치즈 25g
크렘 프레슈(액상) 17g
베이비 시금치 1줌
딜 1/2단
가는 소금 1꼬집

1. 블리니 반죽을 만든다. 우선 큰 볼에 밀가루와 소금을 넣어 섞는다. 맥주를 조금씩 부어가면서 섞는데, 거품이 일지 않게 주의한다. 그대로 20분 정도 둔다. 그동안 달걀흰자를 거품 쳐 올린다. 밀가루-맥주 반죽에 살살 섞는다.

2. 딜 크림을 만든다. 우선 끓는 물에 딜과 시금치를 넣은 뒤 다시 끓어오르면 그때부터 30초만 더 익힌다. 물기를 뺀 뒤 블렌더에 돌려 덩어리진 곳 없이 매끈한 퓌레 상태로 만든다. 마스카르포네 치즈와 크림을 볼에 담고 거품용 휘퍼를 끼운 핸드 믹서를 돌려 단단한 거품 상태로 올린 뒤, 딜-시금치 퓌레를 섞고 소금을 넣는다. 짜주머니에 딜 크림을 옮겨 담는다.

3. 연어살은 길이로 길게 반을 갈라 두께 5mm로 포를 뜬다.

•••

도구

지름 6mm 깍지를 끼운 짜주머니
지름 11cm 원형 틀

4. 접시에 원형 틀을 올린다. 1인당 75g 정도의 양이 되도록 틀 안쪽에 포 뜬 연어를 겹겹이 촘촘히 쌓는다. 그 위로 딜 크림을 짠 뒤 라임 제스트를 뿌리고 소렐 잎을 올린다. 틀을 빼낸다.

5. 블리니를 굽는다. 먼저 중불에서 달군 코팅 팬에 밥숟가락으로 블리니 반죽을 떠서 동그랗게 올린다. 자그마한 크기로 5개를 올리는데 사이사이 간격을 준다. 한 면을 5분 정도 구운 뒤 뒤집어서 다시 5분간 굽는다. 구운 블리니는 따뜻하게 두었다가 반으로 잘라 연어에 곁들인다.

이 요리에는 라뒤레의 랍상 소총Lapsang Souchong 티가 잘 어울린다.

저마다 어울리는 차가 있다

오늘날, 차를 함께 마신다는 행위는 서로에 대한 관심의 표현이자 즐거움을 나누는 의미로 다가온다.

사랑과 우정을 나누며

《설국》의 작가 가와바타 야스나리(1890~1972)는 "차 모임이라는 것은 좋은 계절에 좋은 동무를 만나 공감을 나누는 일이다"라고 말했다. 나라마다 방법은 다르지만 중국, 일본 등 아시아의 찻집은 차를 통한 사교의 장 역할을 해오고 있다.

발견의 자리

둘이서, 셋이서 혹은 여럿이서 차를 마시는 자리는 새로운 차를 맛보거나 귀한 차를 나누거나, 섬세한 향을 즐기며 본격적인 차 시음을 하기에 좋은 구실이 되어준다. 모임이나 행사를 위해 가장 잘 어울리는 차를 찾는 시간이 될 수 있을 테고, 자신에게 맞는 차를 발견하는 기회가 될 수도 있다.

모든 차에는 각각 어울리는 순간이 있으며, 차를 즐기는 사람들에게도 각자의 개성을 대변하는 '차 기질'이라는 것이 존재한다. 와인처럼, 차와 음식의 마리아주를 찾는 일도 대단히 흥미롭다. 공식적인 모임이라면 널리 사랑받고 인정받아온 클래식한 차를 내게 되는데, 대표적인 차가 얼그레이와 다르질링이다. 명상이나 요가를 즐긴다면 일본의 녹차를 좋아할 것이고, 아이들은 아마도 과일이나 캐러멜, 바닐라로 향을 더한 차를 찾을 것이다. 커피 애호가들은 때때로 랍상 소총처럼 강렬한 훈연 차에 끌리기도 한다. 한참 사랑에 빠진 이라면 오렌지꽃을 더한 우롱차나 감각적인 맛의 윈난 차를 상대와 함께 마시는 것도 좋겠다.

Croque-madame

크로크 마담

6인분
준비 시간: 50분
조리 시간: 18분

퍼프 페이스트리 생지 롤 6개
신선한 실온 달걀 6개
에멘탈 치즈 슬라이스 150g
쇠고기 파스트라미 슬라이스 150g
콘샐러드(미나리과 허브) 150g
올리브 오일 3작은술
피멍 데스플레레트(또는 매운 파프리카 가루) 1꼬집
천일염 1꼬집

모르네 소스(120g)
중력분 40g
실온 버터 40g
파르메산 치즈 40g
에멘탈 치즈 40g
크렘 프레슈(액상) 125ml
전지 우유 400ml
소금 1꼬집

1. 모르네 소스를 만든다. 우선 냄비를 약한 불에 올린 뒤 버터를 녹이면서 밀가루를 넣는다. 크림과 우유를 붓고 빽빽하게 될 때까지 계속 젓는다. 파르메산 치즈와 에멘탈 치즈 간 것을 더한 뒤 소금 간을 하고 불에서 내린다. 소스 표면에 랩이 닿도록 덮어 실온에 둔다.

2. 크로크 마담을 만든다. 먼저 퍼프 페이스트리 생지 롤을 펼친다. 생지 위에 먼저 파스트라미 슬라이스를 펼치고 그 위로 에멘탈 치즈 슬라이스를 올린 뒤 다시 생지로 덮는다. 생지끼리 만나는 가장자리 부분에는 물을 조금 묻혀 손가락으로 이음새 부분을 눌러준다. 220℃에 맞춘 파니니 기계에 넣어 3분간 굽는다.

3. 콘샐러드는 다듬어 씻는다. 팬에 달걀을 동그랗게 굽는다. 원형 커터가 있다면 구운 달걀 가장자리를 깔끔하게 다듬는다.

•••

도구
파니니 기계
지름 6mm 깍지를 끼운 짜주머니

이 요리에는 라뒤레의 실란Ceylan 티가 잘 어울린다.

•••

4. 구운 크로크 마담은 가로 3cm, 세로 11cm의 긴 막대 모양으로 자른다. 30개 정도가 나오게 한다. 접시 중앙에 달걀을 올리고 그 주위로 막대 모양의 크로크 마담 5조각을 놓는다.

5. 올리브 오일, 천일염, 피멍 데스플레트로 간한 다음, 달걀 주위와 크로크 마담 사이 사이에 놓는다. 모르네 소스를 8곳 정도 사이사이에 짜서 완성한다.

Macarons cocktail

칵테일 마카롱

종류별 30개씩
준비 시간: 30분
냉장 시간: 20~25분

살구 마카롱 셸 30개
(p.300 기본 마카롱 레서피 참조)
오렌지색 식용색소 약간

당근 가니시
사각하고 단맛 나는 당근 345g(퓌레용)
잎 달린 당근 큰 것 1개
판 젤라틴 1장
오렌지 2개
염소 치즈 90g
식초 30ml
꿀 1작은술

도구
지름 34mm 반구형 홀이 30개 달린 실리콘 틀
지름 10mm 깍지를 끼운 짜주머니
다용도 채칼

당근 마카롱

1. 참조 레서피를 보면서 살구 마카롱 셸을 만드는데, 오렌지색 식용색소를 더해 만든다.

2. 당근 퓌레를 만든다. 우선 찬물에 담근 젤라틴의 물기를 짠다. 푸드 프로세서에 당근, 젤라틴, 오렌지 1개의 제스트와 즙을 넣고 돌려 부드러운 당근 퓌레를 완성한다. 실리콘 틀에 부어 냉장고에 20~25분 정도 두어 굳힌다.

3. 채칼로 당근을 가늘게 채 썬다. 당근 잎은 장식을 위해 남겨 둔다.

4. 냄비에 꿀, 남은 1개의 오렌지즙, 식초를 넣고 끓인다. 졸아들면 당근 채를 넣는다. 끓어오르면 30초간 두었다가 꺼내 식힌다.

5. 냉장고에서 굳힌 반구형의 당근 퓌레를 마카롱 중앙에 올린 뒤, 짜주머니에 염소 치즈를 담아 퓌레와 마카롱 사이를 채우듯 둥그렇게 둘러 짠다. 당근 채를 염소 치즈 위에 올리고 당근 잎으로 장식한다.

파르메산 치즈 마카롱

장미 마카롱 셸 30개(p.300 참조)
붉은색 식용색소 약간

파르메산 크림
크렘 프레슈(액상) 245g
파르메산 치즈 간 것 70g + 장식용 15g
판 젤라틴 3장
크림치즈 90g
붉은 후추 약간

도구
지름 34mm 반구형 홀이 30개 달린 실리콘 틀
지름 10mm 깍지를 끼운 짜주머니

1. 참조 레서피를 보면서 마카롱 셸을 만드는데, 붉은색 식용색소를 더해 만든다.

2. 파르메산 크림을 만든다. 먼저 냄비에 크림을 데워 파르메산 치즈를 넣고 잘 젓는다. 바닥이 눌어붙거나 타지 않도록 주의한다. 찬물에 담근 젤라틴의 물기를 짜서 크림에 잘 섞어 파르메산 크림을 완성한다. 실리콘 틀에 붓고 냉장고에 20~25분 정도 두어 굳힌다.

3. 반구형의 파르메산 크림을 마카롱 중앙에 올린 뒤, 짜주머니에 크림치즈를 담아 파르메산 크림과 마카롱 사이를 채우듯 둥그렇게 둘러 짠다. 파르메산 치즈 간 것을 크림치즈 위로 뿌리고 붉은 후추를 갈아 흩뿌려 마무리한다.

절이는 시간: 1시간
조리 시간: 20분

피스타치오 마카롱 셸 30개(p.300 참조)
초록색 식용색소 약간

푸아 그라 가니시
무화과 처트니 120g
푸아 그라 180g
피스타치오 3g
시소(어린 잎) 1줌

무화가 처트니(120g)
무화과 30g
말랑하게 말린 무화과 30g
식초 10ml
화이트 발사믹 식초 15ml
슈거 파우더 10g
꿀 10g
레몬즙 10ml
시나몬 스틱 1개
후추 1꼬집

도구
지름 3cm의 원형 커터
가는 강판
지름 10mm 깍지를 끼운 짜주머니

푸아 그라 마카롱

1. 참조 레서피를 보면서 마카롱 셸을 만드는데, 초록색 식용 색소를 더해 만든다.

2. 무화과 처트니를 만든다. 먼저 생무화과와 말린 무화과를 잘게 썬다. 설탕과 레몬즙을 더해 잘 섞은 뒤 마저 절여지도록 실온에 1시간 더 둔다.

3. 무화과를 절이는 동안, 냄비에 식초와 꿀을 부어 살짝 끓인 뒤 반으로 졸인다. 거기에 절인 무화과, 발사믹 식초, 나머지 향신료를 더해 섞는다. 다시 불에 올려 한 번 끓어오르면 20분 정도 졸인다. 불에서 내려 식혀 냉장고에 둔다. 시나몬 스틱을 빼내고 푸드 프로세서에 갈아 처트니를 완성한다.

4. 푸아 그라를 두께 5mm로 슬라이스한 뒤 원형 커터를 이용하여 지름 3cm의 원반 모양으로 자른다.

5. 푸아 그라를 마카롱 중앙에 올린 뒤, 짜주머니에 처트니를 담아 푸아 그라와 마카롱 사이에 둥글게 짜서 리본처럼 두른다. 푸아 그라 위쪽으로는 가는 강판에 간 피스타치오 가루를 뿌린 뒤 시소 잎으로 장식한다.

•••

레몬 마카롱 셸 30개(p.300 참조)
노란색 식용색소 약간

연어 가니시
훈제 연어120g
크림치즈 110g
라임 1/2개

도구
지름 34mm의 반구형 홀이 30개 달린 실리콘 틀
지름 10mm 깍지를 끼운 짜주머니

이 요리에는 라뒤레의 다르질링Darjeeling 티가 잘 어울린다.

연어 마카롱

1. 참조 레서피를 보면서 마카롱 셸을 만드는데, 노란색 식용 색소를 더해 만든다.

2. 크림치즈와 라임 제스트, 라임즙을 섞는데, 장식을 위해 제스트는 약간 남긴다. 훈제 연어는 1.5cm 큐브로 썬다.

3. 마카롱 가장자리로 연어 큐브를 4개 올린 뒤 짜주머니에 크림을 담아 연어 사이사이 3곳에 짠다. 가능한 한 마카롱 바닥이 보이지 않게 연어와 크림으로 채운다. 라임 제스트를 흩뿌려 완성한다.

Langues de chat

랑그 드 샤

50개
준비 시간: 20분
조리 시간: 10~12분

박력분 160g
버터 125g
슈거 파우더 160g
바닐라 슈가 1봉지
달걀흰자 2개분

도구
지름 5mm 깍지를 끼운 짜주머니

1. 버터는 중탕해 녹인다. 먼저 버터를 작은 조각으로 잘라 내열 용기에 담은 뒤 물이 가볍게 끓고 있는 냄비에 넣어 중탕한다. 나무주걱으로 눌러가며 녹이는데, 크림 상태가 되면 불에서 내려 거품기로 저어 부드럽고 균질한 상태로 만든다. 슈거 파우더, 바닐라 슈거, 달걀흰자를 순서대로 더하는데, 단계별로 하나씩 넣어가면서 거품기로 고루 잘 섞는다.

2. 체에 내린 밀가루를 1번 과정의 반죽에 더해 균질한 질감이 날 때까지 나무주걱으로 섞는다.

3. 오븐을 160℃로 예열한다.
반죽을 기본 깍지를 끼운 짜주머니에 옮겨 담는다. 시트 팬에 유산지를 깔고 길이 6cm의 긴 막대기 모양으로 반죽을 짠다. 굽는 동안 반죽이 옆으로 퍼지므로 사이사이 간격을 충분히 주자.

•••

이 요리에는 라뒤레의 셰리Chéri 티가 잘 어울린다.

•••

4. 오븐에 넣고 노릇해질 때까지 10~12분간 굽는다. 시트 팬째 한 김 식게 두었다가 스테인리스 스패출러로 팬에서 떼어 낸다.
완전히 식으면 밀폐 용기에 담아 보관한다.

랑그 드 샤에 초콜릿 옷을 입혀 변형을 줄 수도 있다. 다크 초콜릿, 밀크 초콜릿, 화이트 초콜릿을 그대로 이용해도 좋고, 화이트 초콜릿에 식용색소로 색을 낸 로제 초콜릿도 잘 어울린다. 초콜릿 옷을 입힐 때는 녹인 초콜릿에 랑그 드 샤를 담갔다 꺼낸 뒤 유산지 위에서 건조시킨다.

셰프의 팁

플레인 랑그 드 샤에는 초콜릿 무스나 과일 샐러드를 곁들이면 잘 어울린다.

적당한 양의 찻잎이란

차 한 잔에 마음이 너그러워지고 몸도 생각도 긴장을 풀지만, 그런 차를 만들기 위해서는 정확한 기술이 필요하다. 자주 사용하는 찻주전자와 찻잔에 맞춰 찻잎의 알맞은 양을 조절하는 것을 익히자.

넘치는 것은 부족하니만 못하니

찻잎의 적당한 양에 대한 절대적이고 유일한 법칙은 없다. 하지만 몇 가지 기준이 있다. 차 전문가들은 100~150ml 찻잔 1잔에 작은 찻순가락 1술, 즉 2g의 찻잎을 넣어 마시라고 제안한다. 몇 잔의 차를 낼 것인가에 따라 또는 찻주전자의 크기에 맞춰 찻잎을 늘리면 된다. 더 간단한 영국 기준은 '1인당 1작은술, 1주전자당 1큰술'이다.
찻잎의 양은 개인 취향에 따라 달라질 수 있으므로, 완벽한 비율 따윈 존재하지 않는다. 진하지만 향기로운 차를 좋아하는 이들은, 찻잎 양을 2~3배로 넣는 대신 우리는 시간을 짧게 유지하여, 진하지만 아로마가 살아 있는 차를 즐기기도 한다.

차 종류에 따른 양 조절

찻잎의 양은 차의 종류에 따라서도 달라진다. 녹차나 백차는 홍차는 비해 많은 양의 잎을 우려야 한다. 일반적인 규칙은 이렇다. 백차는 1잔당 2작은술, 녹차는 1~2작은술, 센 차(찻잎을 증기로 쪄서 풀맛이 강한, 일본의 대중적인 녹차)는 2~3작은술, 우롱차는 1/2작은술, 홍차는 수북하게 뜬 1~2작은술이 적당하다. 맛은 부드러우면서 차의 향기는 쉽게 느낄 수 있는 진하기. 그것이 적당한 찻잎 양의 기준이다.

Tartelettes tout chocolat

초콜릿 미니 타르트

8개
준비 시간: 1시간 45분
조리 시간: 30분
휴지 시간: 1시간 30분

스위트 카카오 페이스트리
스위트 아몬드 페이스트리 250g(p.297 레서피 참조, 레서피 중 밀가루 양의 1/10을 카카오 파우더로 대체)

밀가루를 넣지 않은 초콜릿 비스킷
카카오 함량 60~70%의 초콜릿 45g
달걀 3개
그래뉴당 65g

초콜릿 가나슈
카카오 함량 60~70%의 초콜릿 300g
크렘 프레슈(액상) 300g
실온 버터 100g
장식용 판 초콜릿 1개
무가당 카카오 파우더 약간

스위트 카카오 페이스트리 셸

1. 스위트 페이스트리 반죽을 만들면서 밀가루 분량 1/10을 카카오 파우더로 대체한다.

2. 작업대에 밀가루를 뿌리고 반죽을 펼쳐 2mm 두께로 민다. 원형 커터를 이용해 원반 모양 12개를 만든다. 준비한 타르트 틀에 버터를 바른 뒤 원반 모양 반죽을 틀에 맞춰 깐다. 냉장고에 1시간 정도 넣어 휴지시킨다.

3. 오븐을 170℃로 예열한다.
예열하는 동안 포크로 틀에 깐 반죽 바닥을 콕콕 찍는다. 굽는 동안 셸이 부풀어 오르지 않게 하기 위해서다. 그 위로 유산지를 셸 지름보다 큰 원반 모양으로 잘라 덮어주는데, 모서리 부분을 꼼꼼히 눌러 뜨는 곳이 없도록 하고, 틀보다 높이 올라오게 하여 굽는 동안 반죽 모양이 잘 유지되도록 한다. 유산지 위로 마른 콩을 채운다. 오븐에 넣어 15~20분간 구운 뒤 콩과 유산지를 빼내고 완전히 식힌다.

•••

도구

지름 8cm, 높이 2cm의 타르트 틀 8개
지름 7~8mm 깍지를 끼운 짜주머니
지름 12cm의 원형 커터

밀가루를 넣지 않은 초콜릿 비스킷

4. 초콜릿은 중탕해 녹인다. 먼저 초콜릿을 조각 내어 내열 용기에 담은 뒤 물이 가볍게 끓고 있는 냄비에 넣어 중탕한다. 녹은 초콜릿의 상태는 균질한 퐁뒤 느낌이 나면서도 미지근해야 한다.
달걀의 흰자와 노른자를 분리한다. 볼에 노른자와 설탕 35g을 넣고 잘 저어 부드럽게 만든다.
달걀흰자를 거품기로 저어 거품을 올린다. 거품이 잘 올랐다 싶을 때 설탕 30g을 더하면서 계속 저어 단단한 거품 상태로 만든다.
흰자 거품 낸 것의 1/4을 노른자와 설탕 섞은 것에 부은 뒤, 초콜릿 퐁뒤를 섞는다. 마지막으로 남은 흰자 기품 3/4를 더해 살살 섞어 비스킷 반죽을 완성한다.

5. 오븐을 170℃로 예열한다. 짜주머니에 비스킷 반죽을 옮겨 담는다. 시트 팬에 유산지를 깔고 반죽을 안쪽에서 바깥쪽으로 향하면서 나선형 모양으로 짜는데, 타르트 틀보다 지름이 2cm 정도 작은 크기로 만든다. 오븐에 넣어 10분간 굽는데, 비스킷이 약간 마른 느낌이 들어야 한다. 오븐에서 꺼내 유산지를 깐 랙에 올려 식힌다.

초콜릿 가나슈

6. 도마에 초콜릿을 올려 잘게 썰어 큰 볼에 담는다. 냄비에 크림과 설탕을 넣어 끓인 뒤, 뜨거울 때 바로 초콜릿 위로 2회에 나눠 붓는다. 먼저 반을 부은 뒤 거품기로 둥글게 한 방향으로 고루 저어 크림과 초콜릿이 하나로 녹아들게 한다.

다시 남은 반을 초콜릿에 부어 거품기로 잘 저어 녹인다.

7. 버터를 작게 조각 내어 6번 과정의 가나슈에 더해 잘 녹인다. 스패출러로 매끈하며 반짝이는 느낌이 날 때까지 젓는다. 곧바로 합체에 들어간다.

타르트 합체

8. 만들어 놓은 타르트 셸에 초콜릿 가나슈를 2~3mm 두께로 채운다. 그 위로 초콜릿 비스킷을 올린 뒤 살짝 눌러준다. 가장자리는 남은 초콜릿 가나슈로 채운다.
초콜릿이 굳도록 실온에 30분 정도 둔다.

9. 칼등으로 초콜릿 판을 긁어 대팻밥을 닮은 초콜릿 컬을 얻는다. 긁고 나서 옮기면 녹거나 망가지기 쉬우니 타르트 위에서 곧장 긁어 장식하는 게 낫다. 마지막으로 카카오 파우더를 뿌려 마무리한다.

이 요리에는 라뒤레의 비너스Vénus 티가 잘 어울린다.

Choux à la rose

장미 크림 슈

25~30개
준비 시간: 1시간 15분 + 기본 레서피
조리 시간: 40분

슈

페이스트리 슈(p.299 레서피 참조)
팬에 바를 버터 20g

장미 페이스트리 크림

페이스트리 크림 400g(p.302 레서피 참조)
장미수 1큰술
장미 시럽 2큰술
장미 에센셜 오일 3방울

장미 퐁당

화이트 초콜릿 80g
페이스트리 화이트 퐁당(화이트 아이싱) 120g
장미 시럽 5큰술
장미 에센셜 오일 4방울
붉은색 식용색소 약간
장식용 라즈베리 25~30개

페이스트리 크림

1. 먼저 참조 레서피를 보면서 페이스트리 크림을 만든다. 냉장고에 둔다.

슈

2. 페이스트리 슈를 만든다. 반죽을 10mm 깍지를 끼운 짜주머니에 옮겨 담는다.
오븐을 180℃로 예열한다.
버터를 바른 시트 팬에 짜주머니로 지름 4cm의 슈를 짠다.

3. 슈를 올린 시트 팬을 오븐에 넣어 굽는다. 8~10분 정도 지나면서 슈가 부풀어오르기 시작하면, 오븐의 문을 2~3mm로 살짝만 열어 내부의 김이 빠지게 한다. 문을 열어 둔 상태로 슈가 노릇하게 구워질 때까지 30분간 굽는다. 오븐에서 꺼내 랙에 올려 식힌다.

•••

도구

지름 10mm 깍지를 끼운 짜주머니
지름 8mm 깍지를 끼운 짜주머니

이 요리에는 라뒤레의 미스팅게트 Mistinguette 티가 잘 어울린다.

장미 페이스트리 크림

4. 냉장고에서 페이스트리 크림을 꺼낸다.
거품기로 저어 매끈한 상태로 만든 뒤 장미수와 장미 시럽, 장미 에센셜 오일을 더한다.

속 채우기

5. 지름 8mm 깍지로 슈 바닥 쪽에 구멍을 낸다. 주머니에 깍지를 끼운 뒤 차가운 장미 페이스트리 크림을 옮겨 담는다. 슈 바닥 쪽 구멍에 깍지를 대고 크림을 짜서 슈 속을 채운다.

장미 퐁당

6. 초콜릿은 중탕해 녹인다. 화이트 초콜릿을 내열 용기에 담고 물이 가볍게 끓고 있는 냄비에 넣고 녹인다. 전자레인지에 중간 세기로 돌려 녹여도 된다. 냄비에 화이트 퐁당, 장미 시럽, 장미 에센셜 오일을 넣어 서서히 데운다. 화이트 초콜릿 녹인 것을 더한다. 식용색소를 소량 떨어뜨려 원하는 색의 장미 퐁당을 만든 뒤 부드러운 질감이 나도록 잘 젓는다. 슈를 퐁당에 담갔다 꺼내 윗부분을 덧입히고, 라즈베리를 올려 장식한다. 굳게 잠시 두었다가 냉장고에 넣어 보관한다.

차를 우리는 방법

찻잎을 너무 오랜 시간 우리면 쓴맛이 강해져 차의 진짜 향기가 다 가려지고 만다. 세상의 모든 관계가 그렇듯, 차에게도 필요한 시간과 충분한 자리를 내주어야 한다.

시간을 주고 기다릴 것

최고의 차를 맛보고 싶다면 차의 종류에 따라 찻잎 우리는 시간을 달리해야 한다. 차에 따라 그에 어울리는 찻잎의 양과 물의 온도가 있는 것처럼 말이다. 어떤 차는 10여 초 남짓 우리는 데에 비해, 10분 가까이 우려야 제 맛을 내는 차가 있을 정도로 종류마다 차이가 크다. 차 우리는 시간을 정확히 지켜야만 차 향기를 좌우하는 3요소, 즉 타닌과 카페인과 방향성 화합물이 완벽한 균형을 이루게 된다. 너무 오래 우리면 그 균형이 무너지면서 타닌이 증가해 쓰고 자극적일 뿐 아니라 기분 나쁜 맛이 난다. 시간을 주고 기다릴 줄 알아야 하지만 너무 넘치지는 않게 하자.

자리도 넉넉하게 줄 것

차를 제대로 우리려면 찻잎이 뭉쳐 있지 않고 잘 부풀어 오를 수 있는 자리가 필요하다. 그래야 꽃이 피어나듯 찻잎이 펼쳐지며 제대로 맛을 낸다. 찻잎의 크기가 작을수록 우러나는 데 걸리는 시간이 짧다. 찻잎을 분쇄해 만든 차나 분말에 가까운 차는 우리는 데에 2분도 채 안 걸린다. 티 볼(공 모양의 찻잎 여과기)은 편리하지만, 찻잎이 체 안에 겹겹이 뭉쳐 있다 보니 물과 만나는 면적이 제한되어, 잎이 지닌 향기를 마음껏 펼치지 못한다. 다 우린 뒤 찻잎 크기를 비교해보면 쉽게 알 수 있다. 찻주전자에서 마음껏 풀어진 찻잎의 크기가 티 볼에서 우러난 찻잎보다 훨씬 크게 부풀어 올라 있다. 그러니 차 양에 맞춰 찻주전자의 크기를 조절하도록 하자. 특히 많은 양의 차를 우릴 때는 넉넉히 큰 찻주전자를 사용하는 것이 좋다.

LADURÉE

TEA
party

•••

티 파티

티 파티

미국의 차는 개척자의 차라고 할 수 있다. 미국은 차라는 음료를 보온병이나 테이크아웃 종이컵에 담아 이동 중에 마실 수 있게 했다. 미국 차에는 기존 전통이나 관습에 아랑곳하지 않는 자신만만한 정복자의 기질이 담겨 있다.

미국 스타일의 티

데이비드 핀처 감독의 2008년 영화 〈벤자민 버튼의 시간은 거꾸로 간다〉를 보면 미국 차와 영국 차의 차이가 드러나는 유쾌한 장면이 등장한다.

러시아의 어느 버려진 호텔에서 하룻밤을 보내게 된 미국인 주인공 벤자민 버튼은 터덜터덜 아래층으로 내려와 자신이 사랑에 빠진 상대인 고상한 영국 여인 엘리자베스 애벗에게 건넬 차를 준비한다. 차를 내리는 그의 모습에 감동하기는커녕 차 예절 따위는 모르는 건지, 빛깔만 비스름하게 우러난 뜨거운 물을 차랍시고 건네는 벤자민이 엘리자베스는 당황스럽기만 하다. "차가 좀 더 우러나게 둬야죠." 벤자민에게 주의를 주는 엘리자베스. "차를 만드는 데에는 룰이란 게 있어요. 내가 온 나라에서는 말이죠"라고 덧붙이자 벤자민은 "그냥 뜨거우면 되는 것 아닌가요"라고 답한다.

전통적으로 미국 사람들은 차보다는 커피를 선호하며, 차를 마실 때는 –벤자민 버튼과는 다르게– 얼음을 넣어 마시길 즐긴다. 이웃인 캐나다와 비교해봐도 캐나다 사람들이 미국 사람보다 4배나 많은 양의 차를 마신다. 미국 사람들은 커피를 머그잔이나 큰 유리잔에 부어 오랫동안 마시는데, 미국에서 진한 커피를 마시고 싶다면 그냥 커피가 아니라 에스프레소를 달라고 확실하게 요청해야 한다. 그렇지 않으면 이게 차인지 커피인지 모를 농도의 커피가 나올 수 있으니 말이다.

미국인에게 음료는 우선 양이 넉넉해야 하며, 포장해서 밖으로 가지고 나갈 수 있어야

SLOW
OFFICE
d
LADURÉE
Thé Caramel
LADURÉE

한다. 음료를 살 때 매번 테이크아웃 하겠느냐는 질문을 들으며, 음료를 산 가게에 자리잡고 앉아 마시는 게 결코 당연한 일이 아니다. 커피와 마찬가지로 차 또한 미국에서는 언제 어디서든 마신다. 한마디로 자유다. 길을 걸으면서, 공공장소에서, 사무실에서, 하루 중 아무 때나 마신다. 차 문화가 확산되고, 특히 녹차의 항산화 작용이 널리 알려지면서 건강에 관심이 있는 미국 사람들이 점점 차에 매료되고 있다.

미국 역사에서 차가 지닌 해방의 의미와 그 역사적 역할을 미국인들은 잊지 못한다. 그 중에서도 '보스턴 차 사건Boston Tea Party'은 영국에 대한 뿌리 깊은 반발심이 폭발하여 벌어진 사건이었다. 이처럼 차는 미국 독립과 해방의 상징이었다.

차와 혁명

아메리카 신대륙에 차가 전해진 것은 17세기 네덜란드 상인들을 통해서였다. 18세기 말에 들어서면서 차는 이미 아메리카 식민지 인구의 3분의 1이 즐겨 마시는 기호품으로 자리잡으면서 수입 품목 중 큰 비중을 차지한다. 하지만 세금 때문에 찻값이 비싸 밀무역 형태로 북미에 차가 대량 수입되고, 그로 인해 동인도 회사는 엄청난 차 재고를 떠안게 된다. 이에 1773년, 영국 의회는 북미의 무관세 차 독점 판매권을 동인도회사에 부여하는 차 조례Tea Act를 통과시킨다. 이는 동인도회사에만 유리할 뿐, 식민지에는 불합리한 법안이었다. 대량의 차 재고로 파산 국면에 빠져 있던 동인도회사를 구하고 동시에 밀수입 거래에서 발생하는 이득까지 취하고자 내린, 영국의 이런 독단적 결정은 식민지 내에서 반발 기운을 일으켰고 본국과 식민지와의 관계를 악화시켜 결국 미국 독립전쟁의 도화선으로 작용한다.

1773년 12월 16일 밤, 영국의 압정에 반대하는 보스턴 차 상인과 시민들은 미국 원주민 모호크족으로 변장하고 동인도회사의 영국 무역 선박에 접근해 배에 실려 있던 300여 상

자의 차를 모조리 보스턴 바다에 던져버린다. 보스턴 항구를 온통 차 빛으로 물들인 이 일이 '보스턴 차 사건'이었으며, 이러한 반란은 13곳의 식민지에서 비슷한 양상으로 벌어졌다. 이 시기에 북미 상류층 여인들의 차 문화도 따라서 사그라지는데, 대신 1776년 7월 4일 미국 독립선언과 함께 그때부터는 여성들도 시민의 자격으로 다시금 차를 즐기게 된다.

우연한 발견이 발명으로

개척자의 나라 미국은 아이스티와 티백, 이 2가지 발명을 통해 차 산업의 부흥을 이끈다. 1903년 미주리 주 세인트루이스 만국박람회에서 홍차 거래상이던 리처드 블레친든은 더위와 인파에 지친 관람객에게 얼음을 넣은 차가운 홍차를 판매한다. 당시 미국 남부에서 얼음을 넣은 홍차는 꽤 알려져 있었지만, 그 덕분에 아이스티는 세계적인 명성을 얻는다. 같은 해 실크 주머니에 차를 담은 티백에 대한 특허도 등록되는데, 티백이 상업적 성공을 거둔 것은 뉴욕에서 활동하던 수입업자 토머스 설리번 덕분이었다. 그는 고객에게 차 샘플을 담아 보내던 함석 통의 가격이 오르자 발송비를 아끼고자 함석 통 대신 작은 실크 주머니에 차를 담아 보내는 방법을 고안해낸 것이다. 그 차 샘플을 받은 고객들이 그 실크 주머니째 차를 우려 마시기 시작했고, 덕분에 그는 자신의 의지와는 상관없이 티백의 발명가로 알려졌다. 그 후 토머스 설리번은 다루기 조심스럽고 비싼 실크 대신 코튼 모슬린으로 티백의 재질을 대체해 나간다.

1920년부터 티백 차의 생산은 대량화, 산업화의 길을 걷는다. 1930년, 윌리엄 허만슨은 요즘 사용하는 티백처럼 열로 봉인한 종이 티백을 발명해 특허를 내며, 독일에서는 그보다 1년 앞서 아돌프 람볼트가 필터 종이를 붙여 만든 티백을 선보인다. 티백 차 산업은 그 후로 급속히 발전했지만, 한 가지 큰 아쉬움이 있다면 소비되는 차의 질을 전반적으로 떨어뜨렸다는 점이다. 티백에는 온전한 찻잎이 아니라 파쇄한 조각이나 가루 형태의 차를 넣는 경우가 많기 때문이다. 이에 1980년대 이후부터는 파쇄하지 않은 온전한 찻잎을 담은 모슬린 티백이 출시되어 좋은 품질의 차가 담긴 티백을 원하는 소비자의 취향에 대안의 답이 되고 있다.

INTERNATIONAL EDITION | THURSDAY
Young lives
BY RICHARD C. PADDOCK
PAGE 17

Bagels au saumon

연어 베이글 샌드위치

6인분
준비 시간: 20분

지름 6cm의 미니 플레인 베이글 6개
훈제 연어 슬라이스 240g
크림치즈 100g
연어알 30g
오이 1개
차이브 10줄기
코리앤더(어린 잎) 1줌
라임즙과 라임 제스트 1개분
피멍 데스플레트(또는 매운 파프리카 가루) 약간
천일염 약간

도구
다용도 채칼
지름 6cm의 원형 커터
작은 오프셋 스패출러(L자로 날이 꺾인 스패출러)

1. 샌드위치 속을 준비한다. 차이브는 씻어 잘게 썰고 크림치즈, 라임즙과 섞는다. 오이는 씻은 뒤 다용도 채칼로 오이를 길이대로 살려 얇은 판 모양으로 자른다. 자른 오이 3조각을 작업대에 펼치는데, 긴 부분을 서로 살짝 겹치게 하여 최대한 넓은 면이 되도록 펼친다. 원형 커터를 이용해 베이글과 같은 크기의 원반 모양으로 자른다. 위 과정을 반복해 오이 원반 12개가 나오게 한다. 훈제 연어 슬라이스도 같은 방법으로 겹쳐 놓고 커터로 잘라 연어 원반 6개를 만든다.

2. 베이글은 링 모양을 살려 반 가른다. 차이브를 섞은 크림치즈를 양쪽에 넉넉히 바른다. 이때 오프셋 스패출러를 사용하면 바르기 쉽다. 반 가른 아래쪽 베이글에만 오이, 연어, 오이 순으로 올린 뒤 위쪽 베이글로 덮어 꾹 누른다.

LADURÉE

•••

3. 베이글 샌드위치를 위에서 아래로 2등분 한다. 접시에 살짝 눕혀 담고 연어알을 올린 뒤 코리앤더와 라임 제스트를 뿌리고 피멍 데스플레트와 천일염을 약간 뿌려 완성한다.

이 요리에는 라뒤레의 실란Ceylan 티가 잘 어울린다.

마시면 기운이 나는 각성제

차는 기막힌 각성제다. 차를 마시면 집중력이 향상되고 기운이 나는 이유가 무엇일까? 타닌 때문일까? 아니면 카페인 때문?

테인과 카페인은 같은 것일까

실제로 테인theine은 카페인과 분자구조가 일치하는 동일한 성분이다. 커피 속 카페인과 구분하기 위해 차에 든 카페인 성분을 티 카페인 혹은 테인이라고 부르는데, 인체에 반응하는 방식에서 차이가 있다. 우선 찻잎은 보통 2.5~5%의 테인을 함유해 줄기 아래쪽 잎보다 싹 부분이 테인 농도가 훨씬 높다. 테인은 쉽게 용해되는 성질이 있어 물에 잎을 우리면 1분도 되기 전에 테인 성분의 80%가 빠져나온다. 카페인 성분은 신경계를 자극하고 집중력을 높여주는데, 찻잎을 우려 용해되어 나오는 테인은 타닌과 결합하여 그 효능이 안정화된다. 커피 속 카페인과 비교해보면 혈액에 퍼지는 속도가 더디면서 균일해 뇌를 과도하게 흥분시키지 않는다는 장점이 있다. 카페인 함유량 면에서도 차가 커피보다 적은데, 차 1잔에는 200mg의 테인이, 에스프레소 1잔에는 190mg의 카페인이 들어 있다.

통설이 다 옳지는 않다

찻잎을 짧게 빨리 우려낸다고 해서 테인의 효과가 줄어들지는 않는다. 몸속에서 테인의 소화 및 흡수를 돕는 것은 차를 우릴 때 뒤늦게 찻잎에서 빠져나오는 타닌과 아미노산의 역할이다. 차 속의 테인 성분을 줄이려면 차를 우릴 때 첫물을 재빨리 우려내면 되는데, 이럴 경우 유용한 아로마 성분도 함께 버려진다는 문제가 있다.

흔히들 진하고 어두운 차는 맑고 밝은 빛이 도는 차보다 테인을 더 많이 함유한다고 생각하지만, 늘 그런 것은 아니다. 예를 들어 중국의 유명한 백호은침白毫銀針(백색 솜털이 있는 상태에서 잎을 건조시켜 은색의 광택을 내며 뾰족하고 길쭉한 바늘 모양을 닮음) 백차는 실론 오렌지 페코보다 테인의 함량이 높다.

Lobster rolls

랍스터 롤

6인분
준비 시간: 40분
조리 시간: 8분

랍스터 2마리
플레인 번 12개
버터헤드 레터스 1통
라임 1개
차이브 1다발
피멍 데스플레트(또는 매운 파프리카 가루) 1꼬집
천일염 1꼬집

마요네즈(165g)
달걀노른자 1개분
디종 머스터드 17g
식물성 오일 130ml
식초 20ml
피멍 데스플레트 1꼬집
소금 1꼬집

1. 랍스터는 몸통과 집게발을 분리한다. 냄비에 좋아하는 허브나 향신채를 넣고 쿠르부이용court-bouillon(해산물을 익히는 전용 육수로, 채소, 향신료, 화이트 와인, 물 등을 넣어 끓인다)을 만든 다음, 거기에 랍스터 몸통과 집게발 모두를 넣어 익힌다. 몸통은 5분, 집게발은 8분간 익힌다. 넉넉한 양의 얼음물에 재빨리 담가 더 익지 않게 한다. 랍스터 껍질을 벗긴 뒤 속살을 모아 키친 타월 위에 올려 여분의 물기를 뺀다.

2. 마요네즈를 만든다. 먼저 달걀노른자를 큰 볼에 담고 디종 머스터드, 소금, 피멍 데스플레트를 더해 거품기로 잘 섞어 균질한 질감을 얻는다. 거품기를 쉬지 않고 저으면서 오일을 소량씩 더한다. 마지막으로 식초를 더해 간을 맞추면 마요네즈가 완성된다. 냉장고에 넣어 둔다.

3. 랍스터 살은 1cm로 네모나게 자른다. 차이브는 잘게 썰어 마요네즈에 섞고(장식용 차이브는 남겨 둔다) 라임즙과 제스트를 더해 간한다. 마요네즈의 반만 랍스터 살과 섞는다.

•••

Hauptman
Degas A Strange New Beauty
giorgio morandi

∘∘∘

4. 레터스는 깨끗이 씻어 물기를 뺀다. 가능한 한 겉쪽 잎을 사용하는데, 번 크기에 맞춰 잘라 따로 두고 나머지 레터스는 잘게 썰어 남겨 놓은 마요네즈 반과 섞어 레터스 마요네즈를 만든다.

5. 번은 양면을 구워 색을 낸다. 굽기 쉽게 먼저 양쪽 끝을 잘라 편평하게 만든다. 그 뒤 위쪽으로부터 2등분 하는데, 완전히 자르지는 말고 자연스럽게 벌어질 정도로 2/3 정도만 칼집을 낸다. 마른 팬에 번 바깥쪽과 칼집 낸 안쪽까지 구워 색깔을 낸다.

6. 번 속을 채운다. 레터스 마요네즈를 바닥에 깔고 랍스터를 넣은 마요네즈를 넉넉히 올린다. 그 위로 레터스를 1장 펼치는데 번 밖으로 잎이 튀어나오게 해야 맛있어 보인다.

7. 접시에 랍스터 롤 2개를 놓는다. 레터스 마요네즈를 빵 아래에 약간 깔고 빵을 올리면 미끄러지지 않는다. 천일염과 피멍 데스플레트로 간을 맞춘 뒤 잘게 썬 차이브를 뿌려 완성한다.

이 요리에는 라뒤레의 얼그레이Earl Grey 티가 잘 어울린다.

Miniburgers au bœuf

소고기 패티 미니 버거

6인분
준비 시간: 40분
버거 조리 시간: 5~10분
토마토 조리 시간: 4시간

쇠고기 간 것 300g
플레인 미니 번 12개
꿀이 들어간 겨자 100g
타라곤 1/2다발
그뤼에르 치즈 슬라이스 70g
버터헤드 레터스 2통
올리브 오일 50ml
피멍 데스플레트(또는 매운 파프리카 가루) 1꼬집
천일염 1꼬집

토마토 콩피(70g)
토마토 3개
올리브 오일 2ml
슈거 파우더 1.5g(취향에 따라 첨가)
타임 1줄기
가는 소금 1꼬집

도구
번 사이즈와 같은 지름의 원형 커터

1. 토마토는 반쯤 말려 콩피를 만든다. 먼저 오븐을 90℃로 예열한다. 토마토는 껍질을 벗겨 꼭지를 떼고 세로로 4등분한다. 씨 부분은 제거하고 볼에 담은 뒤 올리브 오일, 소금을 넣어 살살 뒤적여 섞는다. 취향에 따라 설탕을 더해도 좋다. 시트 팬에 유산지를 깔고 그 위로 토마토를 간격을 두고 펼친다. 타임을 뿌려 오븐에 넣고 익는 정도를 지켜보면서 4시간 정도 익힌다. 필요에 따라 토마토에 올리브 오일을 약간 뿌려도 좋다. 윗면이 너무 마르거나 바닥 면이 너무 축축하지 않게 중간중간 뒤집어가며 익힌다. 토마토가 완전히 익어 콩피 상태가 되면 오븐에서 꺼내어 식힌다.

2. 그린 소스를 만든다. 타라곤 잎만 떼어내어 겨자와 섞어 블렌더에 돌린다.

3. 그뤼에르 치즈 슬라이스는 원형 커터를 이용해 원반 모양으로 자른다. 12개의 원반이 나오게 한다. 레터스는 가능하면 겉잎을 사용해 번 크기에 맞게 자른다.

•••

4. 미니 번은 구워 가장자리에 먹음직스러운 색깔이 돌게 한다. 번을 가로로 2등분 하는데 완전히 자르지는 않되 가능한 한 깊게 칼집을 낸다. 철판이 있다면 철판에, 아니면 마른 팬에 번 안쪽도 구워 색깔을 내도 좋다.

5. 1인분의 패티 양을 25g으로 잡고 쇠고기 간 것을 뭉쳐 철판이나 팬에 굽는다. 한 면을 익혀 뒤집자마자 천일염 1꼬집과 피멍 데스플레트 1꼬집을 뿌린 뒤 패티 중앙에 그뤼에르 치즈 원반을 얹는다. 180℃ 오븐에 넣어 5~10분간 굽는다.

6. 반 가른 미니 번 안쪽 양면에 그린 소스를 바른 뒤 레터스와 토마토 콩피를 올리고 마지막으로 그뤼에르 치즈가 올라간 소고기 패티를 올려 완성한다. 1인당 미니 버거 2개씩을 접시에 올려 낸다.

이 요리에는 라뒤레의 센차야마토 Senchayamato 티가 잘 어울린다.

아이스티

아이스티는 미국의 발명품이다. 미국의 라이프스타일의 담은 매력적인 음료이자 시원하게 갈증을 해소해주는, 탄산음료의 건강한 대안이기도 하다.

보스턴 항구를 차로 물들이다

강렬한 햇살이 내리쬐는 여름날, 얼음을 가득 넣은 아이스티를 한 모금 깊이 들이켜는 것보다 더 시원한 것이 있을까? 아이스티는 뜨겁게 우린 홍차를 식혀 만드는 것이 아니다. 미지근한 실온 물에 몇 시간 동안 찻잎을 우려내 만든다. 녹차로 아이스티를 만들 때는 찻잎을 1시간 정도 우리고, 홍차나 우롱차로 만들 때는 3시간 정도 우리는 게 적당하다. 우린 뒤에는 냉장고에 보관했다가 마시기 직전에 설탕이나 얼음을 넣어 마시면 된다. 오렌지꽃이 첨가된 우롱차로 아이스티를 만들 때는 오렌지 슬라이스를 한쪽 더하면 맛이 더 살아난다. 블랙베리 티나 바이올렛 티, 로즈 티에는 레드커런트 같은 붉은색 과일을 더해도 잘 어울린다. 맛있으면서 신선한 디톡스 음료를 원한다면 녹차를 우려내 아이스티로 만들어 생강을 갈아 넣고 유기농 레몬 껍질을 더해보자.

찬물에 차 우리기

최근에는 유럽 전역에 티 바tea bar가 유행처럼 번지고 있다. 연한 타닌 맛과 섬세한 아로마를 선사하는 새로운 기술–콜드 워터 브루(찬물에 차를 우리는 냉침법)–을 접할 수 있어 인기다. 찬물에 우리면 부드럽고 선명한 차 맛이 느껴지는데, 시간은 차 종류에 따라 30분에서 8시간 안에 최고의 맛을 끌어낼 수 있다.

Cheese-cake

치즈 케이크

8인분

준비 시간: 1시간 15분
조리 시간: 1시간 30분
휴지 시간: 1시간
냉장 시간: 12시간

크림치즈 500g
그래뉴당 200g
크렘 프레슈 에페스(빽빽한 크렘 프레슈) 200g
우유 35ml
달걀 2개 + 달걀노른자 2개분
바닐라 빈 1/2꼬투리
레몬 제스트 1개분(강판에 간 것)

사블레 크러스트

밀가루 250g
버터 150g
아몬드 가루 30g
슈거 파우더 90g
소금 1꼬집

도구

지름 22cm 원형 케이크 틀

이 요리에는 라뒤레의 얼그레이 로즈Earl Grey Rose 티가 잘 어울린다.

1. 사블레 크러스트를 만든다. 먼저 사블레의 모든 재료를 합쳐 손으로 반죽한다. 손 반죽 대신 제과용 반죽기에 반죽용 후크를 끼워 돌려도 된다. 반죽이 공 모양으로 뭉쳐지기 시작하면 냉장고 등 선선한 곳에서 1시간 휴지시킨다.

2. 오븐을 150℃로 예열한다. 반죽을 두께 5mm 정도로 밀어 펼친다. 지름 22cm의 원형 케이크 틀을 놓고 틀 바닥에만 반죽을 깐다. 오븐에 넣어 살짝 노릇할 때까지 30분간 굽는다.

3. 크림치즈와 설탕, 레몬 제스트, 바닐라 빈에서 긁어낸 씨를 더해 거품기로 잘 섞는다. 달걀과 달걀노른자를 조금씩 더해가면서 섞고, 마지막으로 크림과 우유도 넣어 섞는다.

4. 3번 과정의 치즈 반죽을 구운 사블레 크러스트 위로 붓는다. 115℃ 오븐에 넣어 1시간 정도 굽는데, 치즈 반죽 가장자리는 어느 정도 굳으며 자리가 잡히고, 가운데는 아직 찰랑거리는 정도면 적당하다. 꺼내 식힌 뒤 냉장고에 넣어 하루 정도 두었다가 틀에서 꺼낸다.

WORDS

Bugnes

뷔뉴

20개
준비 시간: 30분
조리 시간: 2~3분
휴지 시간: 1시간

박력분 250g + 작업대에 뿌릴 여분의 밀가루 20g
왁스 처리하지 않은 레몬 1개
그래뉴당 25g
천일염 2꼬집
오렌지 플라워 워터 1큰술
달걀 2개
버터 75g
장식용 슈거 파우더 20g

도구
튀김기
톱니형 룰렛 커터(필요에 따라 선택)

1. 강판에 갈아 레몬 제스트를 만든 뒤 작은 볼에 담고 설탕과 섞는다.
볼 하나를 더 준비해 오렌지 플라워 워터를 붓고 소금을 녹인다.
달걀이 냉장고에 있다면 실온에 꺼내 둔다.

2. 버터를 중탕으로 녹이거나 전자레인지에 돌린다. 녹진한 크림 상태가 되도록 유지하고 물처럼 녹게 하면 절대로 안 되니 주의하자.
레몬 제스트에 설탕 섞은 것을 녹인 버터에 더해 부드러운 크림 느낌이 날 때까지 거품기로 젓는다.
실온 달걀을 하나씩 더해가며 섞고 오렌지 플라워 워터에 소금 녹인 것을 더한다.
마지막으로 밀가루를 넣고 가루가 잘 섞여 반죽이 한 덩이가 되는 느낌이 날 때까지만 섞는다.
반죽을 1시간 휴지시킨다.

•••

3. 반죽은 2~3등분 한다(작게 자를수록 반죽을 미는 작업이 쉽다). 작업대에 밀가루를 뿌린 다음 밀대로 반죽을 두께 1mm로 민다.
톱니형 룰렛 커터나 칼로 반죽을 가로 4~5cm, 세로 10cm의 마름모꼴 뷔뉴 모양으로 자른다. 마름모 모양 가운데로 길이 3cm의 홈을 낸다.

4. 기름 온도를 160~170℃로 맞춘다. 뜨거운 기름에 뷔뉴를 미끄러뜨리듯 조심히 넣어 2분간 튀기는데, 중간에 한 번 뒤집는다. 튀김용 거름망으로 건져낸 뒤 키친 타월에 올려 기름을 뺀다. 완전히 식힌 후 슈거 파우더를 뿌려 완성한다.

이 요리에는 라뒤레의 캐러멜Caramel 티가 잘 어울린다.

차의 기본은 언제나 물

중국 속담에 "물은 차의 어머니다"라는 말이 있다. 차를 마실 때 물의 역할이 얼마나 중요한지를 말해준다. 찻잎은 물과 만나야만 비로소 자신이 지닌 향기와 색과 맛을 펼쳐낸다.

차를 우리기 적당한 물

같은 찻잎을 우려도 물의 종류에 따라 차 맛이 달라진다. 칼슘과 염소의 함량이 높은 물로는 맛난 차를 만들기가 어렵다. 산성도가 중성인 물 그리고 미네랄을 포함한 물이 차를 우리기에 적당하며, 필터를 사용하면 손쉽게 연수를 만들 수 있다. 수돗물이라도 염소와 석회질이 적다면 괜찮고, 샘물도 문제없다.

차를 우리는 적당한 온도

차를 우릴 때는 펄펄 끓인 물을 사용하지 않는다. 끓는점에 도달한 물은 기화되는데, 이때 물 속 산소도 같이 날아가 버리기 때문이다. 산소는 차 속 향기 화합물을 기체 상태인 채로 코 뒤쪽 후각 통로로 이동하게 만들어 아로마(냄새smell는 코로 직접 들이마시는 직접적인 후각을 통해 인식된 감각이며, 아로마aroma는 역류성 비강 후각을 통해 인식된 감각이다)로 인지될 수 있게 돕는다. 이는 우리의 미각과 후각이 결합되는 과정으로, 직접 맡는 것은 아니지만 음식을 씹거나 삼킬 때 향기 분자가 식도와 후두 사이의 기관인 인두를 거쳐 코 쪽으로 올라와 감지하는 향이다. 사실상 음식을 삼킬 때 내쉬는 날숨 속 산소가 입속 향 분자를 감지하게 하는 역할을 한다.

차 종류에 따라 차를 우리는 적절한 온도가 있다. 녹차는 50℃에서 70℃ 사이, 홍차는 85℃에서 98℃ 사이가 적당하다. 가향차 중에는 70℃에서 아로마를 풀어내는 것도 있고, 90℃ 가까이 되어야 제 향을 내는 차도 있다. 원하는 온도로 물 온도를 맞춰주는 전기주전자를 사용하면 편리하다. 차 시음에 적당한 물 온도는 40℃에서 50℃ 사이이다.

Beignets

도넛

20개
준비 시간: 1시간
조리 시간: 3~4분
휴지 시간: 4시간

도넛 반죽
박력분 235g + 휴지 때 쓸 여분의 밀가루 20g
그래뉴당 65g
생이스트 60g
소금 10g
달걀노른자 5개분
우유 50ml
버터 65g

천연 효모, 르뱅levain
박력분 265g
생이스트 5g

시나몬 설탕옷
그래뉴당 50g
시나몬 가루 1/8작은술

도구
튀김기

천연 효모, 르뱅

1. 큰 볼에 밀가루를 담는다. 미지근한 물 170ml에 이스트를 푼 뒤 밀가루와 잘 섞어 반죽한다
실온에 1시간 정도 두어 반죽이 2배로 부풀게 한다.

도넛 반죽

2. 큰 볼에 밀가루와 설탕을 담고 이스트와 소금은 밀가루 양편으로 각각 떨어뜨려 놓는다. 반죽을 시작하기 전에 이스트와 소금이 서로 닿거나 섞이지 않게 주의한다.
달걀노른자와 우유를 더한 뒤 곧바로 반죽을 시작한다. 재료들이 고루 섞여 한 덩이가 되면서 볼에 눌어붙지 않을 때까지 반죽한다. 반죽에 실온에 둔 부드러운 버터를 더해 섞는다. 1번 과정에서 만들어 놓은 효모를 더해 부드럽고 균질한 느낌이 들때까지 잘 섞는다.
반죽이 2배로 부풀게 1시간 정도 둔다. 눌러 기포를 빼고 굴려서 공 모양을 만든 뒤 냉장고에 30분 정도 넣는다.

•••

∘∘∘

도넛

3. 차가워진 도넛 반죽을 50g씩 자른다. 자른 덩이를 접어가며 굴려 부드러운 공 모양을 만든다. 밀가루를 뿌린 깨끗한 면포 위에 반죽을 올려 따뜻한 곳(25~30℃)에서 2배로 부풀어 오르게 둔다. 대략 1시간 30분 정도면 된다.

4. 기름 온도를 160~170℃에 맞춘다. 뜨거운 기름에 도넛을 미끄러뜨리듯 조심히 넣는다.
양면 모두 노릇하게 익도록(3~4분 소요) 튀긴다. 튀김용 거름망으로 건져낸 뒤 키친 타월에 올려 기름을 뺀다.

5. 완전히 식힌다.
설탕과 시나몬 가루를 섞은 뒤 도넛을 굴려 설탕 옷을 고루 입힌다.

이 요리에는 라뒤레의 캐러멜Caramel 티가 잘 어울린다.

8인분 타르트 1개

준비 시간: 20분
냉장 시간: 1시간

박력분 200g
버터 100g
달걀노른자 1.5개분
물이나 우유 35g
천일염 4g

지름 3.5cm의 미니 타르트 30개

준비 시간: 30분
냉장 시간: 1시간
조리 시간: 15~20분

박력분 150g
실온 버터 75g + 틀에 바를 여분의 버터
달걀노른자 1개분
찬물이나 우유 25g
소금 3g

도구

지름 3.5cm, 높이 1cm의 미니 타르트 틀 30개
지름 4cm의 원형 커터

쇼트크러스트 페이스트리(기본 타르트 반죽)

1. 찬물이나 우유에 소금을 녹인다.

2. 볼에 버터 한 덩이를 넣어 고르게 푼다(반죽 30분 전에 버터를 냉장고에서 꺼내어 실온에 맞추면 가장 좋고, 전자레인지에 넣어 약하게 30초간 돌려줘도 좋다). 버터에 달걀노른자를 더해 고루 섞는다. 밀가루를 넣고 손가락 끝으로 재빨리 그러나 살살 반죽해 거칠고 굵은 가루 느낌을 낸다. 소금을 녹인 물이나 우유를 재빨리 섞어 둥글게 뭉쳐 공 모양으로 만든다. 랩으로 잘 싸서 냉장고에 최소 1시간 넣어 둔다.

미니 타르트 굽기

3. 냉장고에서 반죽을 꺼내 15분 정도 실온에 둔다.

4. 오븐을 180℃로 예열한다. 작업대에 밀가루를 약간 뿌린 뒤 반죽을 펼쳐 두께 2mm로 민다. 커터로 원반 모양 30개를 자른다.

5. 각각의 타르트 틀에 버터를 바른 뒤 원반 모양 반죽을 틀에 맞춰 깐다. 모서리 쪽도 꼼꼼히 눌러 채운다. 반죽 위에 콩을 채워 굽는 동안 반죽이 부풀어 오르지 않도록 한다. 170℃에서 15~20분간 굽는다.

6. 오븐에서 꺼내 식힌 뒤 콩을 덜어내고 틀에서 꺼내면 타르트 셸이 완성된다. 취향에 따라 타르트 속을 채우면 된다. 구운 타르트 셸은 밀폐 용기에 담아 두면 일주일은 보관할 수 있다.

스위트 아몬드 페이스트리

450g 반죽
준비 시간: 20분
휴지 시간: 최소 2시간, 최적은 12시간

박력분 200g
버터 120g
슈거 파우더 70g
아몬드 가루 25g
바닐라 파우더 약간(취향에 따라 첨가)
달걀 1개
천일염 1꼬집

셰프의 팁

위의 레서피를 따르면 총 450g의 반죽이 나오는데, 재료의 양을 줄이면 달걀과 나머지 재료 간의 비율이 달라지면서 페이스트리의 질감에 영향을 미치게 된다. 그러므로 한 번에 다 사용하지 않더라도 위에 적힌 재료 분량을 그대로 지켜 450g을 만들기를 권한다.

1. 버터는 한 덩이를 작게 썰어 볼에 담는다. 버터를 잘 이겨 부드럽게 만든 뒤, 체에 내린 슈거 파우더, 아몬드 가루, 소금, 바닐라 파우더, 달걀, 밀가루를 순서대로 넣는데, 하나씩 더할 때마다 고루 잘 섞은 뒤 다음 재료로 넘어간다. 지나친 반죽은 피하면서, 재료들이 뭉쳐지며 하나의 덩어리를 이루는 느낌이 들 때까지만 섞는다. 그래야 완성되었을 때 바삭 부서지는 페이스트리 특유의 질감을 얻을 수 있다.

2. 반죽을 둥글게 뭉쳐 공 모양을 만든 뒤 랩으로 싼다. 냉장고에 최소 2시간 넣어 두는데, 가능하면 12시간 정도 휴지시킬 수 있도록 하루 전에 반죽을 만들어 놓자. 그래야 반죽을 밀기가 쉽다. 반죽은 랩에 씌워 냉장고에 5일 정도는 보관 가능하다.

반죽 1kg
준비 시간: 30분
휴지 시간: 9시간

박력분 500g
버터 400g + 75g
물 250ml
천일염 10g

퍼프 페이스트리

1. 실온의 물에 천일염을 녹인다.
작은 냄비를 약한 불에 올려 버터 75g을 녹인다. 볼에 밀가루를 붓고 소금 녹인 물을 섞은 뒤 버터 녹인 것을 더한다. 손가락 끝을 사용해 섞는데, 지나친 반죽은 피하면서 균질한 질감이 들 때까지만 섞는다.

2. 반죽을 모아(이 상태를 데트랑프détrempe라 부른다) 깨끗한 작업대에 올려놓고 15×15cm 정사각형을 만든다. 랩으로 덮어 냉장고에 1시간 휴지시킨다.

3. 버터 400g을 유산지 위에 올린다. 밀대로 눌러가며 버터를 부드럽게 만든다. 유산지 가장자리를 들어 버터를 접어가며 눌러주는데, 반죽의 무르기와 버터의 무른 정도를 같게 맞춘다. 버터도 15×15cm 정사각형 덩어리로 만든다.
페이스트리 반죽détrempe을 냉장고에서 꺼내 밀대로 밀어 30×30cm 크기의 정사각형을 만든다. 가운데에 15×15cm의 버터 덩어리(이 상태를beurrage라 부른다)를 대각선 방향으로 올린다. 반죽의 네 모서리를 중앙으로 접어 버터가 안 보이게 감싼다.

4. 버터를 감싼 반죽을 다시 밀대로 밀어 길이 60cm의 직사각형으로 만든다. 편지지를 3등분 해 접듯, 양쪽을 마주 보고 가운데로 겹쳐 반죽을 접는다. 이렇게 접은 덩어리(이 상태를 파통pâton이라 부른다)의 방향을 90도 돌린 뒤 다시 길이 60cm

가 나오게 직사각형으로 민 뒤 다시 3등분 해 접는다. 접을 때마다 반죽을 처음과 같은 방향으로 90도씩 돌려준다. 90도 회전을 총 6회 반복하는데, 돌리고 3등분으로 접는 것을 2회 반복할 때마다 냉장고에 넣어 2시간씩 휴지시킨다.

5. 6회째 회전을 마쳤다면, 반죽을 냉장고에서 2시간 이상 휴지시킨다. 가능하면 하룻밤 두는 게 제일 좋다. 사용 직전까지 냉장고에 보관한다.

슈 반죽

작은 슈 25개
준비 시간: 20분
조리 시간: 3분

박력분 120g
전지 우유 100ml
물 100ml
그래뉴당 10g
버터 80g
달걀 4개
소금 약간

1. 밀가루를 체에 내린다. 냄비에 우유, 물, 설탕, 소금, 버터를 넣어 끓인 뒤 불에서 내린다. 밀가루를 더해 고무 스패출러로 힘껏 저어 균질한 질감을 만든다.
냄비를 다시 약한 불에 올리고 1분 동안 힘차게 저어주면서 반죽에서 수분을 날린다.

2. 반죽을 큰 볼에 옮겨 식힌다. 달걀을 한 번에 하나씩 넣으면서 고무 스패출러로 잘 섞는다. 반죽이 균질한 상태가 되면 원하는 형태로 짜서 사용하면 된다.

마카롱 셸 50개
준비 시간: 50분
조리 시간: 14분

아몬드 가루 275g
슈거 파우더 250g
달걀흰자 6개분 + 달걀흰자 1/2개분
그래뉴당 210g

도구
지름 10mm 깍지를 끼운 짜주머니

마카롱 셸

1. 아몬드 가루와 슈거 파우더는 푸드 프로세서에 넣고 고운 가루가 될 때까지 돌린다. 덩어리진 곳 없게 체에 내려 준비한다.

2. 물기를 제거한 깨끗한 볼에 달걀흰자 6개분을 넣고 거품기로 저어 거품을 낸다. 충분히 거품이 올라온다 싶으면 설탕을 3회에 나눠 넣으면서 섞는다. 먼저 준비한 설탕의 1/3을 넣고 설탕이 완전히 녹을 때까지 거품기로 젓는다. 다시 설탕 1/3을 더해 1분간 잘 젓는다. 남은 설탕 1/3을 마저 넣고 1분 정도 더 저으면 눈처럼 하얗고 매끄러운 무스 형태가 완성된다.

3. 원하는 마카롱 향과 색에 따라 이 과정에서 식용색소를 더한다.

4. 체에 내린 아몬드 가루와 슈거 파우더는 2번 과정의 달걀 머랭에 조심스럽게 더해 깨끗한 고무 스패출러로 섞는다.

5. 달걀흰자 1/2개분을 거품기로 거품 내어 반죽에 마저 섞는다. 거품이 부서지지 않도록 스패출러로 살살 들어 올리며 섞는다.

6. 깍지를 끼운 짜주머니에 마카롱 반죽을 옮겨 담는다. 시트팬 위에 유산지를 깔고 짜주머니를 짜 지름 3~4cm의 마카

롱 셸을 만든다. 시트 팬을 바닥에 톡톡 쳐서 마카롱 반죽이 기포 없이 고루 자리 잡게 한다.

7. 오븐을 150℃로 예열한다.
시트 팬 위의 마카롱 셸에 아무것도 덮지 말고 20분간 실온에 두었다가 오븐에 넣어 굽는다. 얇고 바삭한 껍질이 생길 때까지 14분간 굽는다.

8. 오븐에서 꺼낸다. 시트 팬과 유산지 사이로 소량의 물을 붓는다. 작은 유리잔에 물을 담아 유산지 네 가장자리를 한 번에 하나씩 조심스럽게 들어 물을 부으면 된다. 달군 시트 팬과 만난 물이 증기를 형성해 나중에 마카롱 셸을 떼어내기가 훨씬 쉽다. 그렇다고 물을 많이 부으면 질척이는 마카롱 셸이 되니 조심하자. 구운 마카롱 셸은 충분히 식힌다.

9. 마카롱 셸 중 절반만 유산지에서 떼어낸 뒤 껍질 쪽이 바닥으로 가게 엎어 널찍한 접시에 겹치지 않게 둔다.

셰프의 팁

완성된 마카롱 셸은 바로 먹기보다는 냉장고에 하룻밤 넣어 두기를 강력히 추천한다. 휴지 기간 동안 재료들 사이에 상호반응이 일어나 한결 깊고 섬세해진 마카롱의 맛과 결을 즐길 수 있을 것이다.

페이스트리 크림 600g
준비 시간: 30분
조리 시간: 5분

바닐라 빈 1꼬투리
전지 우유 400ml
달걀노른자 4개분
그래뉴당 80g
옥수수 전분 30g
버터 25g

페이스트리 크림

1. 잘 드는 칼로 바닐라 빈을 길게 가른 뒤 칼 끝으로 빈 안쪽을 긁어 바닐라 씨를 얻는다. 냄비에 우유를 붓고 바닐라 씨와 바닐라 빈 꼬투리를 함께 넣어 약한 불에 끓인다. 불에서 내린 뒤 곧바로 뚜껑을 덮어 15분간 더 우러나게 둔다.

2. 볼에 달걀노른자와 설탕을 넣고 색이 옅어질 때까지 거품기로 잘 젓는다. 옥수수 전분을 더한다.
우유 냄비에서 바닐라 빈 꼬투리를 골라낸 뒤 다시 약한 불에 올려 끓인다. 뜨거운 바닐라 우유 중 1/3만 달걀노른자와 설탕과 옥수수 전분 섞어 둔 볼에 부은 뒤 거품기로 잘 젓는다. 이번에는 이 섞인 반죽을 바닐라 우유가 남아 있는 냄비에 붓는다. 냄비를 다시 불에 올려 거품기로 계속 저어가며 끓인다. 눌어붙지 않도록 냄비 안쪽을 고무 스패출러로 잘 긁어내며 끓인다.

3. 불에서 내려 깨끗한 볼에 옮겨 담고 10분 정도 식힌다. 한 김 나가고 여전히 뜨거울 때 버터를 넣고 잘 저어 녹인다. 볼에 랩을 씌워 사용할 때까지 덮어 둔다.

라뒤레 티 컬렉션

라뒤레 창작 티

멜랑주 라뒤레Mélange Ladurée
라뒤레 하우스 블렌드. 중국 홍차와 시트러스 계열의 과일, 플로럴 노트, 바닐라, 진하지 않은 스파이스의 우아한 콤비네이션이다. 맛있으면서도 섬세한 블렌딩이 특징인 라뒤레의 시그너처 블렌딩 티다.

마리 앙투아네트 Marie–Antoinette
중국 홍차와 장미 꽃잎, 꿀, 시트러스 과일의 우아한 마리아주. 베르사유 궁전 프티 트리아농의 아름다운 녹음을 떠오르게 한다. 오후에 잘 어울리는 티.

조세핀Joséphine
만다린, 자몽, 오렌지, 레몬 등 다양한 시트러스 과일 노트가 중국 홍차를 감싸고, 재스민꽃이 더해져 한껏 품격을 높인 티. 세련된 블렌딩 티로 하루 중 어느 때 마셔도 좋다.

외제니Eugénie
중국 홍차에 딸기, 체리, 라즈베리, 구스베리 등 붉은 과일류를 더해 맛의 변주를 더했다. 무겁지 않은 느낌으로 부드럽게 우러나면서 맛이 좋아 한 잔의 온전한 휴식을 선사한다. 오후에 마시기 좋은 티다.

오셀로Othello
시나몬, 카르다몸, 후추, 생강 향을 더해 악센트를 준 인도 홍차. 힘차고 강렬한 느낌의 풀 바디 티로, 어느 때 마셔도 좋다.

셰리Chéri
카카오, 캐러멜, 바닐라가 중국 홍차와 어우러진 따스한 느낌의 티다. 소설가 콜레트Colette와 그의 작품 《셰리》에 헌정하는 의미를 담아 만든 것으로 간식 시간에 마시기 좋은 파이브 오클락 티다.

로이 솔레이 Roi Soleil**(태양의 왕)**
녹차를 바탕으로 기운을 불어넣는 베르가모트와 대황과 캐러멜을 더했다. 당당하고 기품 있는 블렌딩 티로, 하루 중 어느 때든 즐겨 마셔도 좋다.

마틸드Mathilde
중국 녹차와 홍차의 만남. 거기에 오렌지꽃과 매그놀리아를 더했다. 개성 가득하면서도 무겁지 않고 섬세한 맛을 선보인다. 식사 시간에 곁들이기에 좋은 티다.

밀 에 윈 뉘 Mille et une Nuits**(천일야화)**
중국 녹차에 장미, 오렌지꽃, 민트, 생강을 더한 부드럽고 향기로운 티로, 관능적이면서도 매혹적인 동양의 향을 선사한다. 오후에 어울리는 티다.

주르 드 페트 Jour de fête
인도 홍차와 계피, 레드 페퍼, 카르다몸의 매력적인 조합. 부드러우면서도 향기 가득한 차가 행복과 축하의 기분을 배로 만들어준다. 하루 중 어느 때 마셔도 좋다.

비너스Vénus
수레국화와 바이올렛 꽃잎이 드문드문 섞여 있는 섬세한 향기가 돋보이는 녹차다. 시간을 초월해 저 먼 꿈 어디로 데려다줄 듯한, 세련된 맛의 조합이다. 오후에 마시면 어울리는 티.

미스팅게트Mistinguette

인도네시아 홍차와 중국 홍차의 블렌딩으로 장미, 블랙커런트, 수레국화가 향기를 더한다. 하루 중 아무 때든 마셔도 좋다.

얼그레이 로즈 Earl Gray Rose

베르가모트 향기를 더하고 장미 꽃잎이 드문드문 섞여 있는 가벼운 느낌의 중국 녹차. 여성스러움과 부드러움을 전하는 특별한 티다. 오후에 마시면 좋다.

미식가를 위한 티

캐러멜Caramel

인도 홍차와 중국 홍차와 실론 홍차의 맛있는 블렌드로, 캐러멜과 금잔화 꽃잎으로 고급스러움을 더했다. 달콤한 간식거리를 즐기는 때에 잘 어울리는 티.

아망드Amande

라뒤레에게 프루스트의 마들렌 같은 티. 라뒤레 마카롱과 가장 잘 어울리는, 카리스마가 느껴지는 아몬드 티다. 인도의 홍차, 중국의 홍차, 실론의 홍차에 말린 아몬드와 아몬드 에센스가 더해져 고소하면서도 모나지 않은 맛을 낸다. 하루 중 아무 때든 마카롱과 곁들여 마시기에 좋은 티다.

로즈Rose

영국 정원을 거니는 기분을 선사하는, 세련되고 맛 좋은 티다. 중국 홍차, 실론 홍차에 섞여 퍼지는 장미꽃 향기가 매력적이다. 오후에 마시기 좋은 티다.

자뎅 블루 로열 Jardin Bleu Royal

중국 홍차에 스리랑카 홍차를 섞고 나무딸기, 대황, 체리, 수레국화, 금잔화의 아로마를 더했다. 과일과 꽃이 하나로 어우러져 고급스러운 과자처럼 우아한 맛을 낸다. 하루 중 아무 때든 마셔도 잘 어울린다.

바닐라Vanille

바닐라 향기가 두드러지는 이 티는 중국 홍차를 바탕으로 마다가스카르의 바닐라의 향기를 더했다. 아무 때나 즐겨도 늘 맛 좋은 티다.

바이올렛Violette

중국 우롱차 바탕에 바이올렛 꽃잎을 더했다. 보드랍고 연한 꽃다발이 다발이 찻주전자 속에서 우아하게 펼쳐지는 느낌이다. 귀한 순간, 즐거운 순간에 어울리는 섬세한 티다.

재스민Jasmin

한 모금 마시면 동양의 저 먼 나라로 데려다주는, 상쾌하고 미스터리한 맛의 재스민 티. 중국 녹차 베이스에 안후이의 고급 재스민꽃을 더해 만들었다. 오후에 잘 어울리는 티다.

플뢰르 도랑제 Fleur d'Oranger**(오렌지꽃)**

중국의 반발효차인 우롱차에 오렌지꽃을 더해 만든 티. 바쁜 하루 중에 기분 좋은 악센트를 주며 휴식의 순간을 선사하는 티다.

뮈르Mûre**(나무딸기)**

늦여름 나무딸기 덤불 사이를 거니는 전원의 정취를 전하는 티. 중국 홍차에 야생 나무딸기의 향기를 더했다. 초콜릿이 들어간 디저트와 잘 어울린다.

클래식 티

실란Ceylan

클래식 중의 클래식. 실론 섬(스리랑카)에서 생산된 길쭉하고 가는 잎으로 만든 티다. 카페인 함량이 꽤 높은 편으로, 아티초크와 말린 나무 향 노트가 느껴진다. 아침 식사에 곁들이거나 이른 오후에 마시기 적합하다.

브렉퍼스트 티 Breakfast Tea

실론 섬과 인도의 파쇄 잎 홍차를 섞어 만든 티다. '잉글리시 브렉퍼스트 티'라고도 불린다. 아침나절, 정신을 차리고 기운이 나게 할 정도로 차가 꽤 강해 우유를 타서 부드럽게 해 마시기도 한다. 이름 그대로 아침에 어울리는 티다.

다르질링Darjeeling

히말라야 지맥에 자리 잡은 여러 다원에서 생산된 다르질링을 섞어 만든 티. 아몬드 맛과 농익은 복숭아 맛을 더했다. 아침 식사나 간식에 잘 어울린다.

얼그레이Earl Grey

중국 홍차와 실론 홍차, 인도 홍차의 블렌드에 이탈리아 칼라브리아 섬에서 생산되는 베르가모트 에센셜 오일로 향기를 더해 전통적이면서도 개성 넘치는 얼그레이를 만들었다. 아침 식사에 곁들이면 좋다.

랍상 소총 Lapsang Souchong

중국에서 유래한 오랜 전통차. 길쭉한 찻잎을 수확하자마자 솔잎에 훈연해 만드는데, 은은하게 우러나는 훈연 향이 매력적이다. 생선이나 닭 요리에 잘 어울리며, 점심 식사에 곁들이기에 좋은 티다.

센차야마토Senchayamato

풀 향기와 바다 내음이 도는 일본의 녹차에 블랙커런트 노트를 살짝 더한 티다. 신선함을 주면서 기운을 북돋운다.

윈난Yunnan

중국 윈난성에서 나는 차로, 길고 어여쁜 찻잎이 특징이다. 타바코 노트와 몰트 노트가 풍성하고 묵직한 맛을 그려낸다. 카페인이 그리 많지 않아 하루 중 어느 때 마셔도 부담이 없다.

인덱스

감사 인사

라뒤레는 이 책에 참여한 모든 라뒤레 팀에게 진심으로 감사의 마음을 전합니다. 특히 달콤한 디저트를 선보인 셰프 클레르 하이츨러Claire Heizler, 그 외에 짭짤한 음식을 총괄해준 셰프 장 세벤뉴Jean Sevegnes와 두 사람의 팀원에게 고마움을 전하고 싶습니다. 페이스트리를 담당한 기욤 컨Guillaume Kern, 안토니 코크로Anthony Coquereau, 루시 르로이Lucie Leroy에게도, 달콤 디저트 레서피 작성을 담당한 피에르 르발뢰르Pierre Leballeur에게도, 음식 조리와 플레이팅을 맡은 티보 쿠슈라Thibaud Cucherat, 니콜라 르 파델렉Nicolas Le Padellec, 스테판 세바Stevan Seva, 제롬 바소Jérôme Basso, 클라라 로랑Clara Laurent에게도, 디저트 외의 음식에 대한 레서피 작성을 맡은 오렐리 뷔고Aurélie Bugaud, 실비안 방숑Sylviane Banchon, 에글랑틴 셰뇨Eglantine Chaignaud에게도 고마움을 전합니다.

라뒤레의 크리에이티브 디렉터 사피아 토머스Safia Thomass와 차 브랜드 마케팅과 홍보를 책임진 오드 슐로서Aude Schlosser, 안 루아조 기틀리Anne Loiseau Gitlis에게 감사 인사를 전합니다.

라뒤레 판매 총괄 바네사 칼뤼Vanessa Kalus와 니콜라 데그리프Nicolas Desgrippes의 귀한 도움에도 감사를 전합니다.

촬영 협찬

은기: Ercuis
그릇: Atelier Murmur, Atlier Singulier, Bernardaud, Craftslab, Elsa Le Taux, Gien, Haviland, Jars Céramistes, JL Coquet, Le Fiacre Anglais, Le Sentiment des choses, Marie Daâge, Nakaniwa, Raynaud
초: Cire Trudon
의자: The Conran Shop
테이블 클로스와 냅킨: Le Jaquard Français
리넨 제품: Bertozzi, Merci
러시아 예술품과 장인 작품: Peterhof.
종이 제품: La Petit Papeterie, Française, Madeleine et Gustave
앤티크 자기와 은기: Au Bain Marie

옮긴이 정혜승

뉴욕 French Culinary School에서 International Bread Baking을 공부했으며, 현재는 번역과 요리 관련 출판을 하고 있다. 옮긴 책으로는《라뒤레 디저트 레시피》《무슈린의 아기》《거꾸로 흐르는 강》《마이 디어 걸》 등이 있다.

라뒤레 티타임

2018년 9월 1일 초판 1쇄 인쇄
2018년 9월 8일 초판 1쇄 발행

지은이 | 마리 시몽, 마리 피에르 모렐, 크리스텔 아조르주, 엘렌 르 뒤프
옮긴이 | 정혜승
발행인 | 이원주
책임편집 | 원경혜
디자인 | 박지은
마케팅 | 이재성
발행처 | (주)시공사
출판등록 | 1989년 5월 10일 (제3-248호)
주소 | 서울시 서초구 사임당로 82 (우편번호 06641)
전화 | 편집 (02)2046-2847 · 마케팅 (02)2046-2883
팩스 | 편집 · 마케팅 (02)585-1755
홈페이지 | www.sigongsa.com

Original title : Maison fondée en 1862
LADUREE
Fabricant de douceurs
Paris
Tea Time
Texts by: Marie Simon
Photographs by: Marie Pierre Morel
Food Styling: Christèle Ageorges
Illustrations by Hélène Le Duff

Published by Editions du Chêne-Hachette Livre, 2017

ISBN 978-89-527-9083-5 13590

값은 상자에 있습니다.
파본이나 잘못된 책은 구입하신 서점에서 교환해 드립니다.